떨리는 게
정상이야

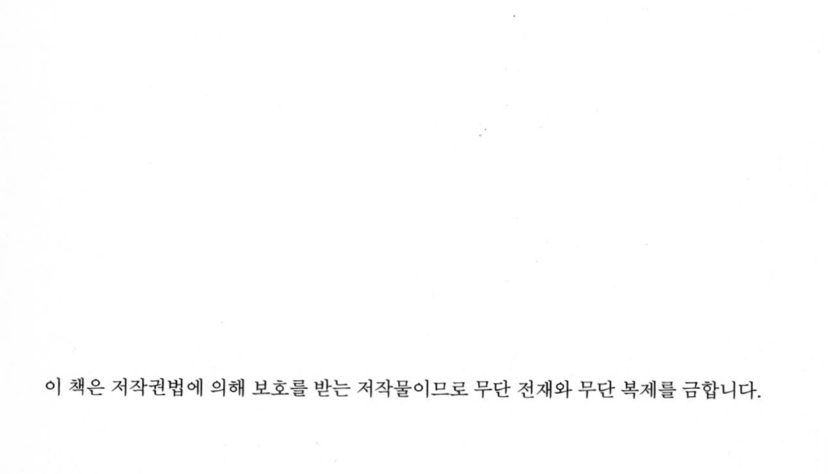

떨리는 게 정상이야

공학자 윤태웅의 공부 그리고 세상 이야기

윤태웅 지음

에이도스

‖차례‖

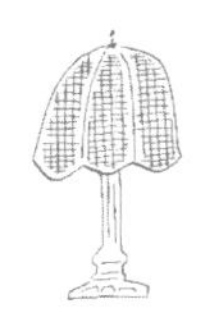

서문

저는 공학자입니다. 제어공학을 전공했습니다. 제어란 이를테면 실내 온도가 26℃로 유지되도록 에어컨의 압축기를 자동으로 조절하는 행위입니다. 정해진 궤도를 인공위성이 돌게 하는 일도 제어고요. 핵심 개념은 피드백feedback입니다. 대상의 현재 상태에 관한 정보가 제어 행위의 바탕이 되기 때문입니다. 목적지를 향해 움직이는 사람도 마찬가지입니다. 자신이 지금 어디에 있는지 알아야 앞으로 어느 방향으로 어떻게 가야 할지 판단할 수 있겠지요. 제어시스템이든 인간이든 현재 상태에 관한 객관적 이해가 목표 성취를 위한 필요조건입니다. 피드백은 또 질적 변화를 이끌어내기도 합니다. 피드백을 통해 불안정한 시스템을 안정하게 할 수도 있고, 유한한 방정식에서 무한을 생성할 수도 있지요. 질적 도약의 방편이라 할 수 있습니다. 사람도 나날이 자기 자신을 되돌아보며 성장합니다. 성찰의 과정이라 할 수도 있겠습니다.

저는 대학에서 학생들을 가르치는 사람이기도 합니다. 우리 학생들이 좋은 세상으로 나가 행복하게 살 수 있기를 바랍니다. 과학기술자, 혁신기업가, 과학기자, 과학저술가 등, 각자의 일로 세상을 더 좋게 만드는 데 기여도 하면서 말입니다. 청년들을 생산자원의 하나인 인적자원으로만 보는 이들도 있습니다. 하지만 그런 생각으로는 그들이 말하는 이른바 경쟁력 있는 인적자원도 기대하기 어려울 것입니다. 개인의 창의성과 사회의 다양성은 동전의 양면이지요. 개인을 도구화하는 대신 일상에 관심을 기울여야 하지 않겠나 싶습니다.

저는 민주공화국의 시민입니다. 아니 그리되고 싶다고 하는 편이 더 정확한 표현이겠지요. 대한민국이 아직 민주공화국의 이념을 제대로 구현하진 못했다 여기기 때문입니다. 저는 또 시민단체인 '변화를 꿈꾸는 과학기술인 네트워크ESC'의 초대 대표를 2년 동안 맡기도 했습니다. 공학자, 교육자, 시민단체 회원, 투표권 있는 시민, 세계 시민, …. 누구나 그렇듯 제게도 이렇게 여러 정체성이 겹칩니다. 그래서 글을 쓰거나 말을 할 때, 제가 지금 어떤 정체성을 바탕으로 하고 있는지 늘 의식하려 합니다. 저는 이걸 정체성 분리의 문제라 일컫습니다. 어느 하나만을 선택해야 한다는 건 물론 아닙니다.

정체성에 관한 고민은 정명正名으로 이어지기도 합니다. 글의 주제나 발언 대상의 이름을 정확히 적어야 그에 알맞은 발언 주체의 정체성도 찾을 수 있을 테니 말입니다. 그런 문제의식으로 쓴 글들을 '공부', '학교', '세상'이라는 세 영역에 나눠 담았습니다. 주로 2014년 5월부터 2017년 12월까지 〈한겨레〉 '세상읽기' 지면에 실린 칼럼입니다. 지금의 시점에 맞게 조금씩 고치긴 했지만, 논거와 논지는 손대지 않고 그대로 두었습니다. 4년 가까운 시간 동안 4주마다 한 편씩 칼럼을 쓰면서 저 자신도 많이 배웠음을 느낍니다. 글쓰기가 제 삶의 표현이었으니, 어찌 보면 당연한 일이겠지요. 귀한 지면을 제공해준 〈한겨레〉에 고마움을 전합니다. 그 밖의 다른 기고문들도 해당 매체의 동의 아래 다듬어 넣었습니다. 새로 쓴 글도 일부 있습니다.

에이도스 박래선 대표의 권유와 인내가 없었다면, 이 책은 세상에 나올 수 없었을 것입니다. 제가 ESC 대표 임기를 마칠 때까지, 그는 3년여를 묵묵히 기다려주기도 했습니다. 미안하고 감사합니다. 함께 사는 여인 미현은 언제나 냉정한 첫 독자였습니다. "시작이 별로야." "너무 어렵게 썼어." "이 부분은 좀 불편해." 이런 이야기를 듣고 여러 차례 고쳤던 기억이 납니다. 얹혀사는 청년 수영도 초기에 활약을 제법 했습니다. 독자들을 밀어낼 것만 같은 제목이 사라졌고, 논문처럼 생긴 글이 칼럼답게 바뀌기도 했지요. 선생 같은 친구 은희는 전적으로 동의하지 않을 수 없는 의견들만 꼭 집어 전달해주었습니다. 전문성이 부족하다 싶어 주변 동료에게 초고를 보내 봐 달라 한 적도 꽤 있는데, 그때마다 예외 없이 귀한 조언을 들었습니다. 일일이 이름은 적지 못하고 고마움만 전합니다.

"배우기만 하고 생각하지 않으면 어둡고, 생각하기만 하고 배우지 않으면 위태롭다(學而不思則罔 思而不學則殆)." 최근 몇 년 동안 자주 떠올린 공자 말씀입니다. '배우기만 하고 생각하지 않는 것'이 주로 제가 비판한 대상이었다면, '생각하기만 하고 배우지 않는 것'은 제 문제 같았기 때문입니다. 읽기보다 쓰기를 더 많이 하는 처지가 불편했습니다. 물론 책으로뿐만 아니라 몸으로도 배워야 함을 모르지 않습니다. 하지만 공부하는 사람에겐 공부가 제일 중요하다 할밖에요. 어설픈 책 한 권을 내고 나니 그런 마음이 더 절실해집니다. 자식 공부하는 모습을 평생 기쁘게 지켜봐주신 어머니 류근순 여사께 이 책을 드립니다.

2018년 9월 안암동 신공학관 연구실에서

1부

공부

과학은 우기지 않는 거다

과학이란 무엇일까요? 사람들은 왜 과학 지식을 믿을 만하다 여길까요? 신뢰의 바탕엔 과학자들의 성공적인 사유 방식과 방법론이 있습니다. 그 요소로는, 기존 지식에 대한 합리적 의심, 데이터 기반의 실증적 태도와 정량적 사고, 지식의 보편적 체계화, 설명과 예측 능력이 장착된 이론의 제시 등을 들 수 있습니다. 자신의 이론이 데이터와 모순되면, 오류를 인정할 수밖에 없지요. 반증 가능성을 받아들이는 열린 태도는 과학의 민주주의적 속성이기도 합니다.

과학의 발전은 누적적인 모습으로 전개되어왔지만, 때로 단절적이기도 했습니다. 플로지스톤설은 반증되어 라부아지에의 이론으로 대체되었고, 뉴턴 법칙은 상대성이론으로 확장되었습니다. 그 과정에서 시간과 거리, 질량 등의 개념이 바뀌기도 하였지요. 과학의 역사는 반증과 입증의 동적인 변주와도 같았습니다. 하지만 그게 그리 간단한 과정은 아니었습니다. 관측 결과와 이론 사이에 괴리가 발생했다고 해서 이론을 바로 포기하는 과학자는 거의 없습니다. 보조 가설을 동원한다든가 해서 보강하려 하겠지요. 그런 시도가 성공하면 이론은 더 단단해질 테고, 끝내 실패하면 반증돼 폐기되는 운명에 놓이게 될 것입니다.

성공과 실패를 가르는 일, 경쟁하는 학설들 가운데 어떤 주장을 더 신뢰할지 판단하는 일은 물론 과학 공동체의 몫입니다. 공동체적 평가는 이론과 실험적 증거를 바탕으로 하고, 개별 과학자의 오류는 이런 과정을 거치며 걸러지지요. 살아남은 주장은 과학 공동체가 상호 비판을 통해 엄정하게 평가한 결과라 할 수 있습니다. 과학철학자인 이상욱 교수는 바로 이와 같은 '증거 기반 집단지성'이 과학을 가장 믿을 만한 지식이 되게 하는 힘이라 하였습니다.

과학 지식이 어떻게 만들어지는지를 이해하고 나면 어떤 게 과학 지식이 아닌지도 판단할 수 있겠지요. 과학과 비과학을 감별해 우열을 가리자는 건 아닙니다. 저는 증거 기반 집단지성의 산물이자 강력한 지식 체계인 과학을 신뢰하지만, 그게 세계를 바라보고 이해하는 유일한 방식일 순 없다고 생각합니다. 이를테면 과학은 종교와 서로 다른 범주에서 평화롭게 공존할 수 있다고 봅니다. 이 둘을 같은 층위에 놓고 대립시키거나 하나가 다른 하나를 포섭하게끔 하려 한다면, 그건 그냥 범주 오류일 뿐이라 해야겠지요.

성경을 문자주의적으로 해석하며 그걸 과학적 사실이라 주장하는 사람들이 있습니다. 예컨대 지구의 나이가 6000~1만 2000년이라는 식입니다. 창조과학자로 불리는 이들입니다. 그들은 과학적으로 입증될 수 없거나 이미 반증된 이야기를 과학적 사실이라 고집하며, 과학 공동체가 인정하는 이론들을 부정하고 있습니다. 창조과학은 형용 모순입니다. 과학이 아니기 때문입니다. 개인 생각을 밝힐 자유는 물론 존중합니다만, 정확한 단어를 써 달라고 요청할 순 있으리라 여깁니다.

과학자가 검증되지 않은 견해를 밝히며 과학자적 정체성을 내세우는 건 '잘못된 권위에 호소하는 오류'입니다. 전문가 윤리의 관점에서도 문제가 되지요. 영롱이라는 송아지가 있었습니다. 체세포 복제 방식으로 태어난 세계 최초의 송아지라 했습니다. 저명 과학자의 말이었기에 사람들은 믿었습니다. 하지만 영롱이가 정말로 복제된 소였는지는 확인된 바 없습니다. 동료 평가 같은 공동체적 검증 없이 언론에 공개되었기 때문입니다. 논문도 없었습니다. 연구윤리에 어긋나는 행위였지요. 입증이 불가능하거나 검증에 실패한 주장을 과학이라 우기며 유포하는 건 더더욱 잘못된 일입니다.

우물에 독 풀기

통계적 진실을 거부하는 태도에 레비 브라이언트라는 철학자가 독단적 회의주의라는 이름을 붙였다 합니다. 왜 회의적이어야 하는지 애써 따지지 않은 채 그냥 부정만 하는 경향을 가리키지요. 근거 없는 과학 혐오로 읽히기도 합니다. 그런데 사실 과학적 사유의 중심엔 회의주의가 자리 잡고 있습니다. 무거운 물체가 더 빨리 떨어진다고 다들 생각할 때, "정말 그럴까?" 하며 의심하는 모습 말입니다. 후속 질문과 정량적 사고 실험이 이어집니다. "그럼 볼링공에 깃털을 붙이면 더 빨리 낙하해야 하지 않을까? 과연 그럴까?"

독단적 회의주의라는 표현은 제게 형용 모순처럼 들립니다. 교과서에 나와 있다거나 교수가 그리 전했다는 이유로 특정 내용을 그대로 받아들이려는 학생들한테 저는 늘 다음과 같이 이야기합니다.

"그래서 이해했다는 뜻인가요? 스스로 이해한 게 아니라면 받아들이지 마십시오. 회의주의자가 되십시오. 질문하길 두려워하지 마세요. 알지 못하면 모를 수도 없고, 그래서 할 수 있는 질문도 없습니다."

회의주의는 자신의 무지를 자각해가며 지식을 넓혀가는 방편입니다. 동서양 고전에 두루 나오듯, 앎이란 무엇을 모르는지 아는 걸 뜻하지요. 소크라테스는 "사람들은 자신이 모르면서도 안다고 생각하지만, 나는 적어도 내가 모른다는 사실은 안다"라 했고, 공자는 "아는 것을 안다고 하고 모르는 것을 모른다고 하는 게 바로 앎이다"라고 했습니다.

독단적 회의주의자는 자신의 무지를 바탕으로 무리한 주장을 합니다. 회의주의자는 자신이 정말 아는지를 스스로 의심하지만, 독단적 회의주의자는 자신이 모른다는 걸 모른 채 다른 사람에 대해 근거 없는 의심을 품습니다. 독단적 회의주의는 회의주의가 아닙니다. 그건 그냥 '우물에 독 풀기'나 매한가지입니다. 아무도 그 물을 마실 수 없게끔 하니 말입니다.

슈퍼맨은 없다

20여 년 전, 제어이론을 주제로 학위논문을 쓸 때의 일입니다. 서론에 제2차 세계대전으로 제어이론이 더 빠르게 발전할 수 있었다는 이야기를 한 단락 넣었습니다. 초고를 읽은 영국인 지도교수가 제게 정중하게 묻습니다. "당신이 하고 싶어하는 그 이야기가 논문 주제와 관련해 독자에겐 어떤 도움이 될 수 있는지요?"

지도교수는 지시 대신 질문을 하는 사람이었습니다. 사실 선생은 그렇게 하는 게 맞지요. 어쨌든 지도교수가 툭 던진 한마디를 두고 저는 고민에 빠졌습니다. 결국은 제2차 세계대전이 언급된 단락을 빼기로 했습니다. 그 내용이 너무도 상식적이어서 특별한 의미가 없다는 판단에 이르렀기 때문입니다. 글쓴이가 하고 싶어하는 말과 읽는 이가 듣고자 하는 말 사이에 거리가 있다면, 많은 경우 그건 글을 구성하는 요소들이 핵심 메시지를 중심으로 긴밀하게 연결되지 않았다는 뜻이겠지요.

글을 쓸 때 읽는 사람을 헤아려야 한다는 건 언뜻 생각하면 그저 당연한 주장에 불과한 듯싶습니다. 하지만 실천하기가 쉽지만은 않지요. 몸에 배어야만 제대로 할 수 있는 일이라 여깁니다. 저의 학위 과정에서 글쓰기가 특히 더 강조됐던 건 어쩌면 학교 시스템이 한국이나 미국과 좀 달랐기 때문이었는지도 모릅니다. 학위논문 심사는 논문을 꼼꼼히 읽은 심사위원들이 한 장 한 장 넘겨 가며 진행합니다. 지도교수는 심사위원이 아니라서 심사장에 들어올 수 없지요. 심사가 하루에 끝나지 않아 다음 날까지 이어졌다는 이야기가 전설처럼 전해지기도 했습니다.

제 지도교수와 연구분야도 비슷하고 친분도 아주 두터운 교수가 한 사람 있었습니다. 이 두 교수가 자신이 지도하는 학생들의 논문 심사를 서로 부탁하는 건 자연스러운 일이었습니다. 그런데 심사장에서 불합격 판정을 내리는 경우가 꽤 있었다고 합니다. 두 교수 모두 말입니다. 친분과 논문 심사는 별개라는 것이지요.

지금 다시 돌아보니 유학생 시절 제가 제어이론을 특별히 잘 배울 수 있었다고 생각되진 않습니다. 하지만 좁은 전공분야의 지식을 넘어 더 중요한 가르침을 들을 수 있었습니다. (선생으로서) 지시하지 않고 질문하기, (학생이나 연구자로서) 권위에 주눅 들지 않기, …. 지도교수가 했던 말 가운데 제일 기억에 남는 건 이겁니다. "슈퍼맨은 없다!" 이런 뜻이었습니다. "대가가 쓴 논문이라고 무조건 믿지는 마라. 대가도 슈퍼맨은 아니어서 실수할 수 있다. 대가도 비판적으로 읽어라!" 교수의 권위는 수직적으로 강요되는 게 아니라 수평적인 관계에서 자연스럽게 생겨나는 것이었습니다.

지도교수는 전형적인 영국인이었습니다. 사실 남달리 훌륭한 교수라 할 수는 없는 사람이었지요. 외려 평범한 교수라 하는 편이 더 정확한 표현일지도 모르겠습니다. 학생이 짜임새 있는 글을 정확하게 쓰게끔 유도하거나 친분에 얽매이지 않고 가까운 동료의 학생을 불합격시킬 수 있는 건, 그냥 보통의 교수들이 마땅히 그래야 한다고 생각하기 때문인 듯합니다. 이런 걸 문화라 하는 모양입니다.

정말 중요한 일은, 그렇게 평범한 사람들이 모여 좋은 시스템을 가꿔 가는 거라 여깁니다. 개인이 훌륭해야만 뭔가 그럴듯한 결과가 나오는 세상은 그리 좋은 세상이라 할 수 없겠지요. 교수들이 헌신적이고 비범해야만 잘 가르칠 수 있다면, 그 대학도 근사한 시스템을 갖췄다 할 수 없을 것입니다.

저는 평범한 교수한테서 좋은 가르침을 받았습니다. 스승의 날 즈음이면, 제가 학생이었던 시절을 왕왕 떠올리게 됩니다. 세월이 흐른 지금, 저를 포함한 이 땅의 보통 교수들은 우리 학생들을 어떻게 가르치고 있을까요? 시스템의 문제에 관해선 또 얼마나 고민하고 있는 걸까요?

배움과 비움

해마다 1학기엔 학부에서 '신호와 시스템'을 강의합니다. 신호와 시스템의 수학적 정의에서 시작해, 푸리에 급수와 변환을 거쳐, 라플라스 변환의 유도로 끝맺는 과목입니다. 학생들은 신호처리나 통신 같은 분야에 꼭 필요한 수학적 도구들을 익히게 됩니다. 선생으로서 저는 도구 자체보다도 그걸 얻어내는 과정에 관심을 기울이지요. 결과보다 과정이 더 중요하기 때문입니다. 결과를 부려 쓰는 일은 이제 사람이 인공지능을 앞서기 쉽지 않습니다. 아울러 신호와 시스템의 문제와 별 관련이 없는 분야로 가게 될 학생들을 헤아리면 결과만 강조할 순 없겠지요.

지식 창출의 논리적 과정은 건축에 견줄 수 있습니다. 공리적 토대 위에 명제를 증명하고 그걸 바탕으로 또 다른 명제를 유도해가는 흐름이 주춧돌 위에 기둥을 세우고 서까래와 지붕을 올려 멋진 집을 짓는 일에 비유될 수 있으니 말입니다. 공부는 논리적 구성물을 만나는 작업이지요. 저는 학생들에게 말단의 결과만 살피지 말고 논리적 건축 체계에 주목하자고 이야기합니다. 좋은 공부는 자연스레 공부에 관한 공부를 포함합니다. 배워야 할 게 계속 새로이 등장하는 현실을 떠올리면, 결과의 사용법에 집중하는 방식은 소모적이기만 할 뿐입니다.

논리적 체계를 구성하는 과정에서 자주 부닥치는 장애물은 역설적이게도 기존의 경험입니다. '신호와 시스템'을 듣는 학생들은 사실 라플라스 변환이라는 도구가 낯설지 않습니다. 라플라스 변환을 활용해 특정한 종류의 미분방정식을 대수방정식으로 바꿔 풀어본 적이 있지요. 한데 이런 단순 경험이 라플라스 변환에 이르는 이론 체계를 제대로 이해하는 데 외려 방해가 될 수도 있습니다. 마치 기둥도 없는데 지붕을 얹으려 하는 것처럼 말입니다. 익숙함을 앎으로 착각할 때 생길 수 있는 일이지요. 그래서 저는 학생들에게 이렇게 전합니다. "마음을 비우고 여러분이 해본 라플라스 변환은 잊으십시오. 여기선 백지 위에 새집을 그릴 것입니다. 진정한 배움Learning의 출발점은 의도적 비움Unlearning입니다."

과거의 경험은 본질적으로 불완전합니다. 당시엔 타당했다 하더라도, 세상이 바뀌어 맥락이 달라지면 더는 유효하지 않기도 합니다. 특히 요즘처럼 한 치 앞 내다보기도 만만찮을 정도로 빠르게 변화하는 시대엔 예전의 경험이 새로운 학습을 방해하기 일쑤입니다. 그럴 가능성이 더 커졌다 할밖에요. 대한민국은 위대한 시민혁명을 이뤄냈습니다. '이게 나라냐?'를 '이게 나라다!'로 바꿔낸 우리 모두가 자랑스럽습니다. 하지만 낡은 시대를 청산하고 정의로운 세상을 건설하는 일은 무책임한 무자격자를 대통령 자리에서 끌어내리는 것보다 더 어려운 과제라 여깁니다.

시민혁명의 완수에 청년들이 적극적으로 참여할 수 있길 바랍니다. 철 지난 옛 경험에서 자유롭고 상상력과 학습능력이 풍부한 이들이 새 정부를 세우는 주역이 될 수 있으면 좋겠습니다. 제가 학생들에게 강조하는 '의도적 비움'은 사실 저 자신에게 하는 조언이기도 합니다. 제 또래의 기성세대에게도 전해봅니다. 마치 고장 난 나침반처럼 흔들림 없이 고정된 과거의 시선이 미래세대에 부담을 주지 않도록 말입니다. 학습하지 않는 자의 오래된 경험은 약이 아니라 독일 수 있습니다.

나이가 절대적으로 중요하다는 이야기는 아닙니다. 끊임없이 비우고 배우며 품위 있게 나이 드는 사람도 있기 때문입니다. 자유로운 미래세대와 성찰적인 기성세대가 수평적으로 소통하며 함께 만드는 새로운 세상을 상상해봅니다.

과학의 미덕

동영상을 하나 소개합니다(QR 코드 참조).* 하이젠베르크의 불확정성 원리를 실험적으로 확인해보는 장면입니다. 레이저포인터로 쏜 빛이 작은 구멍을 통과하게 합니다. 그리고 그 구멍의 폭을 점점 줄여갑니다. 그럼 스크린에 나타난 붉은 점도 점점 더 홀쭉해지겠지요. 그러다 구멍의 폭이 어떤 값 이하가 되면, 그다음부터는 붉은 점이 외려 더 뚱뚱해지기 시작합니다. 위치가 확정됨에 따라 방향이 불확정적이 되기 때문에 일어나는 일이라 합니다. 동영상의 주인공인 물리학 교수는 이런 게 자신한테도 괴상한bizarre 현상이라 합니다. 하지만 아무리 일상적 경험이나 직관과 충돌하는 현상이라도 일단 확인되면 과학자들은 그걸 받아들입니다. 어떻게 이해할 것인가는 또 다른 문제겠지만요. (사실 저는 '이해한다'는 말의 의미도 잘 이해하지 못할 때가 있습니다.) 객관적 증거 앞에서 자기 생각을 고칠 수 있는 게 바로 과학의 미덕 아닌가 싶습니다. 시간과 공간의 관계도, 물질의 존재 방식에 대한 개념도 이런 '과학적' 과정을 거쳐 바뀌어왔습니다. 한국사회는 더 과학적이어야 한다고 여깁니다. (아직 한 번도 제대로 과학적인 적이 없다고 하는 게 더 맞는 표현일지도 모르겠습니다만….) 2분 7초짜리 동영상입니다. 두 번 봐도 5분을 넘지 않습니다. 함께 보시지요.

하이젠베르크의 불확정성 원리 관련 동영상

떨리는 게 정상이야

학생들 다니는 분식집에서 국수를 한 그릇 먹고 있었습니다. 매운 맛이 코를 자극하는 바람에 잠시 고개를 세우고 옆으로 시선을 돌리게 되었지요. 그때 벽에 붙은 글귀가 눈에 들어왔습니다. "1. 앞만 보고 가자. 내 인생에 뒤란 없다. 2. 지금 자면 꿈을 꾸지만, 지금 공부하면 꿈을 이룬다. 3. 남처럼 해서는 남 이상 될 수 없다. 4. 공부는 시간이 부족한 게 아니라, 노력이 부족한 거다. 5. 고통이 없으면 얻는 것도 없다."

우리 학생들이 참 안쓰러웠습니다. 국수라도 좀 마음 편히 먹을 수 있으면 좋겠다 싶어서요. 물론 자신의 식당을 다녀간 청년들이 열심히 공부해서 잘되길 바라는 건 좋은 마음입니다. 저는 분식집 주인의 이런 마음을 의심하지 않습니다. 문제는 선의가 바로 좋은 결과로 이어지진 않는다는 데 있습니다. 심지어 상황이 더 힘들고 어려워지기도 합니다. 선의가 현실에 대한 잘못된 이해와 결합하면 그리될 수 있지요.

신영복 선생의 서화집에 나오는 지남철(나침반)指南鐵의 비유를 떠올려봅니다. 제대로 작동하는 지남철은 바늘 끝이 늘 불안스럽습니다. 떨고 있기 때문입니다. 반면에 고장 난 지남철의 바늘 끝은 전혀 흔들리지 않습니다. 마치 어느 쪽이 남쪽인지 확실히 알고 있다는 듯 말입니다. 학생 땐 흔들림 없이 확신에 가득 차 있던 선배들이 부러웠습니다. 뭐가 뭔지 잘 몰라 더듬대고 버벅거리던 제 모습이 불만스럽기도 했고요. 시간이 꽤 흐른 뒤 신영복 선생의 서화집을 보고 나서야 저는 저 자신에게 이렇게 말할 수 있었습니다. "그래, 떨리는 게 정상이야!" 물론 지남철의 비유는 무지에 대한 단순한 위로가 아닙니다. 온전한 지남철은 마구잡이로 떨지 않습니다. 남쪽이라는 구체적인 지향점이 있지요. 그런 떨림을 유지하라는 건 정체되지 말라는 요구입니다.

리영희 선생의 글을 처음 봤을 때 받은 충격은 지금도 생생합니다. 하지만 더 놀라웠던 건 선생의 '절필 선언'이었습니다. 선생은 이렇게 말했습니다. "정신적·육체적 기능이 저하돼 지적 활동을 마감하려니 많은 생각이 든다…." 절필은 '지적 활동의 마감'을 뜻했습니다. 건강 문제도 있었지만, 지적 능력의 한계를 선생이 스스로 인식한 결과이기도 했습니다. 리영희 선생의 절필 선언은 제게 큰 울림이었습니다. 존경받던 지식인이 말년에 이르러 정확하지 않은 현실 인식으로 부적절한 발언을 하고 결과적으로 분란을 일으킨 사례가 왕왕 있었기에 더 그랬습니다.

분식집 주인이 걸어놓은 글귀는 현실에 맞지 않는 주장을 선의로 하는 기성세대의 단면입니다. 과거를 살아온 경험만으로 미래세대를 위해 조언하는 건 허망해 보입니다. 외우고 기억하는 일은 사람이 기계를 앞설 수 없습니다. 그러니 그런 공부를 잠을 줄여가며 해야 할 때가 아니지요. 제가 학생이었던 시절은 산업화 시대였습니다. 학생들을 가르치는 지금은 정보화를 넘어 인공지능의 시대로 달려가고 있습니다. 구글은 인제 제 목소리를 제법 잘 알아듣습니다. 페이스북은 사람의 얼굴을 사람만큼이나 정확히 인식할 수 있다고도 합니다. 앞으로 수많은 일자리가 컴퓨터와 빅데이터의 몫이 될 것입니다. 정보 격차로 말미암은 불평등도 더 깊어질 수밖에 없겠지요. 그렇지만 구체적으로 어떤 미래가 펼쳐질지, 또 우리가 그 시대를 어떻게 열어가야 할지, 저는 잘 모르겠습니다.

과거의 해법을 새로운 문제에 그대로 적용하려는 이들을 일컬어 속된 말로 꼰대라 하는 모양입니다. "적어도 꼰대는 되지 말자!" 해가 갈수록 거듭 저 자신에게 하게 되는 다짐입니다. 끊임없이 공부하면서도 점점 더 부족해질 수밖에 없음을 인정하는 게 이런 다짐을 실현하는 유일한 길인 듯싶습니다.

영어강의와 청개구리 교수

공부는 사회적인 활동입니다. 책이나 논문을 읽는 일도 글쓴이의 주장을 듣고 비판적으로 문제를 제기하는 과정이지요. 선생과 학생 사이의 소통은 물론이고, 연구자들끼리의 소통도 중요합니다. 공동연구가 일반적인 이공계에서는 특히 더 그렇습니다. 최신 연구 성과는 대부분 영어로 발표됩니다. 대학원생들이 영어로 발표하고 질문하며 토론하는 연습을 해보는 건 그래서 의미가 있습니다. 이런 현실을 헤아려 저는 연구실 정기 세미나를 매주 영어로 진행해보기로 하였습니다. 대학원 교과목 하나도 영어로 강의하기로 했고요. 강단에 첫발을 내딛고 얼마 지나지 않았을 무렵이니, 지금처럼 대학이 영어강의를 강조하진 않았을 때의 이야기입니다.

영어강의에 동의하고 한 학기를 함께한 수강생들에게 소감을 물었습니다. 학생들은 강의 내용을 이해하는 데 어려움이 더 컸다고 말하면서 제게 다시 한국어로 강의하기를 권했습니다. 결국 대학원 영어강의는 한 학기 만에 그만두었습니다. 제게는 하고 싶은 얘기를 영어로 충분히 전달하지 못한다는 문제가 있었고, 학생들에겐 제대로 이해하기도 만만찮은 내용에 영어라는 추가적인 부담이 있었습니다. 영어로 발표하고 토론하는 연구실 세미나도 1년을 넘기지 못했습니다. 대학원생들의 학습능력은 엇비슷했지만, 영어능력은 저마다 달랐던 탓입니다.

그 뒤론 '논리적으로 사고하고 소통하기'에 초점을 맞추었습니다. 제가 선택한 언어는 물론 한국어였습니다. 영어가 중요하지 않기 때문이 아니라 영어 이전에 언어와 논리가 더 중요하기 때문이었습니다. 한국어를 조리 있게 잘 구사하는 사람이 영어로도 그럭저럭 의사소통을 해내는 경우를 왕왕 볼 수 있습니다. 어색한 발음으로 어눌하게 말해도 논리의 구조나 내용이 좋으면 듣는 이들은 경청하기 마련이지요. 별 내용 없는 말을 유창하게 하느니 더듬거리더라도 또박또박 자기 이야기를 하는 게 더 낫습니다. 저는 한국어로 정확하게 소통하는 문제에 집중하기 시작했습니다.

이제 국제화는 대학평가의 중요 지표가 되었습니다. 영어강의 비율은 국제화 지표의 핵심 변수지요. 대학마다 그 비율을 높이려 애를 많이 쓰고 있습니다. 신임 교수한테 영어강의를 의무적으로 하게 하는 곳도 있습니다. 저희 대학이 그렇습니다. 영어강의 비율은 올라갔고, 국제화 부문에서 저희 대학은 좋은 평가를 받아왔습니다. 영어강의에 대한 관심이 별로 없던 시절에 영어강의와 세미나를 시도했던 제가 지금은 한국어로 소통하는 것의 중요성을 강조하며 영어강의를 마다하고 있습니다. 청개구리가 따로 없습니다.

영어강의는 필요합니다. 대학엔 영어강의를 잘하는 교수도 있고, 영어강의에 대한 수요도 있습니다. 하지만 지금처럼 영어강의를 반강제로 하게 하는 건 옳지 않습니다. 어떤 언어를 선택하든 목적은 소통입니다. 억지로 하는 영어강의가 소통을 어렵게 하고 교육의 질을 떨어뜨린다면 하지 않는 게 맞습니다. 대학평가 때문에 어쩔 수 없다고 한다면, 그건 비교육적인 태도입니다. 평가가 교육을 왜곡한다면, 참여하는 대신 평가제도의 문제를 말해야 합니다.

영어를 자유롭게 구사하는 교수의 자발적인 영어강의와 좋은 한국어를 정확하게 사용하려는 교수의 한국어강의 사이에서 학생들이 행복하게 고민할 수 있기를 바랍니다. 특히 핵심적인 교과목은 영어강의와 한국어강의를 함께 개설할 필요가 있습니다. 신임 교수들로 하여금 의무적으로 영어강의를 하게 하는 것도 인제 그만두면 좋겠습니다. 학교 선생들한테 특정 언어를 강요하는 건 일제강점기에나 있었던 일입니다.

외국어, 외래어, 한국어

영어 단어를 아예 쓰지 말자는 주장은 비현실적입니다. 그렇지만 쓸 만한 한국어 낱말이 있는데도 굳이 영어를 사용하는 건 괴상한 일입니다. 요즘 웬만하면 다 '워크샵'을 합니다. (심지어 '웍샵'을 하는 분도 있습니다.) 외래어 표기법에 따라 워크숍이라 쓰지 않고 워크샵이라 하는 이들은 워크샵이 실제 영어 단어에 가까운 소리기 때문에 그리한다 합니다. (영국 사람들이 동의할지 그 여부는 따지지 않기로 하지요.) 하지만 한글은 어차피 영어 단어가 내는 소리를 제대로 표현하지 못합니다. 뮤지션은 어떤가요? 발음은 잘 되나요? 음악 활동의 성격에 따라 가수나 작곡가 등으로 부르면 되는 일 아닌가요? 한글은 한국어 소리를 제대로 표현할 수 있도록 구성되었습니다.

웨이블릿wavelet에 관한 한국어 논문을 찾아보려 하는 상황을 가정해보지요. 그런데 웨이블'렛'이라는 단어를 쓰는 연구자도 있습니다. 웨이블릿과 웨이블렛 등을 모두 검색해야 한다는 뜻입니다. 이게 별문제가 아니라 여긴다면, 어쩌면 공부나 연구를 더는 한국어로 하지 않기 때문인지도 모르겠습니다. 그렇다면 그게 더 큰 문제 아닐까 싶기도 하네요. 외래어 표기법은 일관된 표기를 위한 것입니다. 물론 보완이나 개선의 여지는 늘 있겠지요. 저도 사실 '시스템'이라 적고 '씨스템'이라 읽는 일이 불편하긴 합니다.

오래전에 제 영국 친구 한 명이 저희 집에 놀러 왔는데, 그에 앞서 잠깐 한글 읽는 방법을 익혔답니다. 한국에 와서 저와 함께 차를 빌려 제주도를 여행했는데, 당시 운전이 좀 서툴렀던 저는 열심히 핸들만 붙잡고 있었습니다. 도로 표지판을 읽은 사람은 그 영국 친구였습니다. (아주 똘똘한 친구지요.) 한글이 우수하다는 게 아닙니다. 한글이 한국어 소리를 잘 표현한다는 이야기를 하려 했을 뿐입니다. 사실 한국어와 한글을 구별하지 않은 채 한국어가 과학적이며 우수하다는 식으로 말하는 것에 저는 동의하지 않습니다. 그저 한국어는 한국어답게 쓰자, 뭐 이런 생각을 하지요. 그런 점에서 정확한 한국어 사용의 핵심이 명사 하나 하나를 순우리말로 바꾸는 데 있지는 않습니다. 문장 전체를 한국어 형식에 어울리도록 자연스럽게 쓰는 게 더 중요한 논점이라 여깁니다.

한국어 문장 어떻게 쓸 것인가?

“한국어 문장 어떻게 쓸 것인가?” 이 문장엔 주어가 없습니다. 아니 생략돼 있습니다. 주어가 없을 순 없을 테니까요. 생략된 주어가 ‘나’인지 ‘우리’인지 ‘당신’인지에 따라 그 의미가 조금씩 다릅니다. 그래서 모호함이 없지 않습니다. 물론 질문이 모호하더라도, 답은 분명하게 할 수 있습니다. 이를테면, “나는 이렇게 쓰겠다”라든가, “우리는 이렇게 쓸 필요가 있다”라든가 해서, 자신이 질문을 이해한 방식이나 질문에 답하는 관점을 명확히 할 수 있겠지요. 이 글의 제목에서 저는 ‘나’라는 주어를 생략했습니다. 저는 그냥 제가 어떤 생각으로 문장을 쓰는지 전하려 할 뿐입니다. 아주 일반적인 이야기는 아니라는 뜻이지요. 다만, 독자 분들이 참고는 해주시면 좋겠다 싶어, ‘나’라는 주어를 명기하진 않았습니다. 마음이 복잡하니 제목이 모호해질밖에요.

구성 성분을 잘 생략하면 더 간결하고 깔끔한 한국어 문장을 만들 수도 있습니다. 물론 의미의 미묘한 차이나 오해가 생기진 않게 한다는 전제 아래서요. "이 보고서에선 논리적 형식문에 어떻게 숫자를 일대일 대응시킬 수 있는지 살펴본다." 이 문장의 주어는 명백히 보고서를 쓴 사람입니다. '필자는' 같은 표현을 굳이 쓰지 않아도 되지요. 영어의 영향을 강하게 받은 사람 중엔 "이 보고서는…"처럼 써야 한다는 이들도 있습니다. 주어를 생략하면 안 된다 하며 말입니다. 저는 그런 주장에 동의하지 않습니다. 생략된 주어가 무엇인지 명백한 데다, '보고서'라는 주어와 '살펴본다'라는 동사가 서로 잘 호응하지 않는다고 여길 수도 있기 때문입니다.

하지만 늘 조심은 해야겠다 싶습니다. ① "성을 쌓고 도시를 건설한 모든 과정을『화성성역의궤』에 담았다." ①의 주어는 생략돼 있지만,『화성성역의궤』를 만든 사람들임이 분명합니다. 목적어는 '과정'이고요. 이 목적어는 '성을 쌓고 도시를 건설한' 이란 관형사절이 수식하고, 이 관형사절엔 '성을 쌓고 도시를 건설한 사람들'이란 주어가 생략돼 있습니다. 이렇게 전체 문장의 주어와 목적어를 꾸미는 관형사절의 주어가 빠져 있는데, 그 두 주어가 모두 '사람들'입니다. 하지만 같은 사람들이 수원화성도 쌓고 동시에 그 과정까지 기록했다고 보긴 어렵겠지요. 그 시대에 관한 지식을 토대로 우린 생략된 두 주어가 서로 다른 사람들임을 어렵지 않게 추론할 수 있습니다. 그렇다면 이 문장은 어떤가요? ② "퍼즐(을) 푸는 과정을 노트에 기록했다." 왠지 퍼

즐을 푼 이와 그걸 노트에 기록한 이가 동일 인물인 듯하지요? 그런데 혹 과제가 여럿이 함께 도전해야 할 만큼 복잡했고, 그걸 기록한 사람이 따로 있었을 가능성은 없을까요? ①과 ②는 구조가 똑같습니다. 요컨대 배경 지식이 없다면 이런 구조의 문장은 오해의 소지가 있다고 할 수 있겠지요. 그래서 저는 ①처럼 적지 않고 보통은 이렇게 씁니다. ③ "성을 쌓고 도시를 건설한 모든 과정이 『화성성역의궤』에 담겨 있다." ①에는 서로 다를 수 있는 두 주어가 생략돼 있지만, ③에는 관형사절의 (명백한) 주어만 하나 생략돼 있기 때문입니다.

◈

학생들에겐 이런 주문도 합니다. "한 문장에 똑같은 조사가 여러 차례 나오지 않게끔 해보자." 예컨대 목적어가 하나인 문장에 목적격 조사가 두 번 이상 나온다면, 그건 그 문장에 명사절이 있다는 뜻입니다. 그 명사절엔 나머지 목적격 조사가 자리 잡고 있겠고요. 이를테면, ①에선 목적격 조사가 셋이 있는데, 둘은 명사절(관형사절)에 등장합니다. 다른 문장을 하나 더 보지요. "감독은 공간을 잘 만들어내는 A를 눈여겨봤다." 여기서도 목적어 A를 꾸미는 관형사절에 '공간'이란 목적어가 있습니다. (읽는 이의 시선이 '감독은 공간을 잘 만들어내는'까지만 미치거나 듣는 이가 그 부분까지만 들었을 땐, 마치 감독이 공간을 만드는 주체처럼 생각되기도 합니다.) 이렇게 둘로 나누면 어떨까요? "감독은 A를 눈여겨봤다. A가 공간을 잘 만들어냈기 때문이다." 두 문장엔 각각 하나의 목적어만 있습니다. 게다가 주어인 '감독'과 서술어인 '눈여겨보다' 사이의 거리도 가까워지지요. 격조사가 반복되지 않는다는 건, 이렇듯 문장 구조가 간단해 읽기 편하다는 의미일 수 있습니다.

보조사 '은/는'도 마찬가지입니다. '은/는'은 대상을 강조해 그게 문장의 중심이 되도록 합니다. 주제나 화제와 관련이 있지요. 따라서 '은/는'이 여럿 있으면 문장의 중심이 분산되는 효과가 생기기도 합니다. 그런 분산이 의도한 바가 아니라면 피하는 게 낫겠습니다. ④ "청년들이 과학을 좋아했다." ⑤ "청년들은 과학을 좋아했다." ⑥ "청년들이 과학은 좋아했다." ⑦ "청년들은 과학은 좋아했다." ④는 평이합니다. ⑤에선 주어인 '청년들'이, ⑥에선 목적어인 '과학'이 더 중요해 보이고요. ⑦은 어떤가요? 상황에 따라 ④, ⑤, ⑥ 가운데 하나를 선택할 순 있겠지만, 특별한 사정이 있지 않다면 ⑦처럼 쓸 이유는 없지 않겠나 싶습니다. 물론 "사과는 즐겨 먹지만, 토마토는 싫어한다." 같은 문장엔 아무런 문제가 없습니다. '은/는'은 이렇게 여러 대상을 대조할 때 쓰기도 하니 말입니다. 그런 경우가 아니라면, 일반적으로 저는 '은/는'도 반복해서 사용하지 않으려 합니다.

◈

제가 너무 도식적인지도 모르겠습니다. 공학자라서 그럴 수도 있겠고요. 학생 시절엔 텍스트와 정보량의 비율을 극대화하기로 작정한 적도 있었습니다. '비선형제어이론을 교류전동기에 적용하는 것은'처럼 쓰는 대신 '비선형제어이론의 교류전동기에의 적용은'이라 했습니다. 그게 글자를 조금이라도 덜 사용하는 길이었지요. 괴상한 문장이었습니다. 말로는 잘 하지 않는 표현이었던 까닭입니다. 고 이오덕 선생님의 『우리글 바로쓰기』를 만나고 나서야 문제를 명확히 인식하게 되었습니다. 이오덕 선생님의 가르침은 '말에서 멀어지지 않은 글'과 '삶과 분리되지 않는 말과 글'이라 할 수 있습니다. 말은 하거나 듣고 글은 쓰거나 보는 거라, 그 둘이 같을 수만은 없겠지요. 하지만 말과 글이 너무 다르면 곤란합니다. 글이 말에서 멀어지고, 그런 글을 또 말이 닮아가는 악순환도 왕왕 생깁니다. 회의에 참석하거나 하면 "…라고 사료됩니다"나 "이견이 있습니다" 같은 표현이 이따금 들립니다. '사료된다'는 가축 사료가 떠오르기도 하여 이상하고, '이견이 있다'는 '의견이 있다'와 헷갈려 불편합니다. "…라고 생각합니다"나 "제 생각은 다릅니다"라 하지 않는 게 말이 글을 닮아가는 사례인지도 모르겠다 싶습니다.

소리 내 읽었을 때 편하게 들을 수 있게끔 글을 쓰자는 이야기를 많이들 하고 있습니다. 저도 학생들한테 늘 그리 강조하지요. 잘 들리는 글이 잘 읽히는 법입니다. 사람들이 말로 구사하는 문장은 구조가 단순할 수밖에 없습니다. 이에 반해 커서와 마우스를 이리저리 옮겨 다니며 컴퓨터로 적는 글은 아무래도 더 복잡할 것입니다. 글쓴이의 커서처럼 읽는 이의 눈동자가 왔다 갔다 해야 한다면, 그런 문장은 읽기도 힘들겠지요. 듣기는 더 말할 나위도 없겠고요. 소리 내서 읽는 건, 말에서 멀어지지 않은 글뿐만 아니라 복잡하지 않은 문장을 쓰는 데도 보탬이 되는 일입니다. 앞서 전한 바 있는 도식적 지침들도 그런 과정을 거쳐 마련할 수 있습니다. 소리 내 읽었을 때 흐름이 매끄럽지 않으면 그 패턴을 찾아내는 식입니다. "읽어서 이상하면 고치자! 글은 고치는 거다!" 이게 제가 저 자신에게 전하는 지침의 결론입니다.

◈

이오덕 선생님을 따라 '우리글 바로쓰기'라는 표현을 사용하다 곧 '한국어 바로쓰기'라 하기 시작했습니다. 한국어는 외국인도 할 수 있으니까요. 국어 대신 한국어라 하는 것과 마찬가지 논리였습니다. (일제강점기 땐 일본어가 국어였지요.) 그리고 시간이 좀 더 흐른 뒤엔 그냥 '한국어 문장 쓰기'라 일컫게 되었습니다. '바르게', '바른', '바로' 같은 낱말에서 '옳음'을 독점하고 '다름'을 '틀림'으로 보는 태도가 떠올랐기 때문입니다. '우리글 바로쓰기'에서 출발해 '한국어 바로쓰기'를 거쳐 '한국어 문장 쓰기'에 이르는 과정을 이오덕 선생님이 목격했다면, 아마도 손가락 대신 달을 제대로 봤다 하면서 칭찬하지 않았을까 싶습니다. 이오덕 선생님의 『우리글 바로쓰기』엔 많은 예문이 등장합니다. 하지만 어떤 문장을 어떻게 고쳤는지는 그리 중요하지 않습니다. 왜 그렇게 고치려 했는지가 핵심 논점입니다. 이를테면, 영어식이나 번역 투와 관련한 문제 제기는 한국어의 특성에 잘 맞지 않는 표현에 대한 지적이지, 외국식을 거부하는 국가주의적 태도에서 비롯된 딴죽은 아니라 여깁니다.

한국어를 한국어답게 사용하자는 저의 바람은 민족주의적 소망이 아닙니다. 외려 다양성을 존중하는 세계시민으로서 하는 주장입니다. 적어도 스스로는 그리 판단하고 있습니다. 영어는 영어답게, 한국어는 한국어답게 쓰자는 생각입니다. 물론 모든 언어에 두루 해당하는 보편적인 지침도 있습니다. 정확하고 간결한 문장을 만들자거나, 뺄 수 있는 요소는 다 빼서 군더더기나 오해의 소지가 없는 문장을 쓰자고 하는 것처럼 말입니다. 어떤 언어를 구사하든 글쓰기가 성찰의 방편이자 삶을 가꾸는 일이면 좋겠습니다.

학기말 시험 이야기

해마다 2학기엔 학부에서 '공학수학'을 강의합니다. 2017년 기말고사 1번 문제는 이렇게 시작하지요. "$x+y=y$이면, $x=0$임을 보이시오."• 중학생도 아는 사실을 증명하라 한 것입니다. 대학생들에게 저는 왜 이런 요구를 했을까요?

강의 주제인 선형대수는 연산 구조에 관한 이야기라 할 수 있습니다. 먼저 집합을 구성합니다. 예컨대 동물의 집합을 떠올려 보지요. 하지만 그런 집합엔 정해진 연산이 없습니다. 쥐와 닭을 더해 뱀을 얻는다는 식으론 일반적으로 말하지 않으니까요. 감정의 집합은 어떨까요? 물론 사랑과 미움을 더하면 애증이 된다고 할지도 모르겠습니다. 일상에선 흥미로운 질문일 수도 있겠고요. 다만, 그렇게 정의된 감정의 덧셈에 어떤 보편적 성질이 있는지는 의문입니다. 더하기나 곱하기 같은 연산을 법칙화하려면 집합의 원소에 숫자를 대응시킬 필요가 있습니다.

숫자(실수)의 집합과 거기서 정의된 연산이 어떤 성질을 만족하는지 따져봅니다. 이들을 다 나열하는 대신 몇 가지 공리로 압축합니다. 이제 실수 집합의 연산법칙을 만족하는 모든 추상적 대상을 상상합니다. 그럼 우린 그런 대상을 실수와 똑같은 방식으로 다룰 수 있게 됩니다. 동일한 법칙을 사용하기 때문이지요. 인간은 이렇게 추상화와 일반화를 통해 개념을 정의하고 지식을 창출해왔습니다. 개념들 사이의 논리적 관계가 지식의 체계인 셈입니다. 여기저기서 들어 뒤죽박죽 얽혀 있는 기존의 정보는 이런 체계의 이해나 구성 과정을 방해합니다. 무지보다 더 큰 장애물이지요. 따라서 학생들에게 그런 정보를 지우고 공부 대상의 논리 체계를 건축해보게 할 필요가 있습니다. 마치 백지 위에 새로운 그림을 그리듯 말입니다.

학부 과목의 기말고사 1번 문제는 명백해 보이는 명제지만 그냥 받아들이지 말고 덧셈의 공리에서 이끌어내라는 뜻입니다. 선입견이나 편견 없이 논리적인 주장을 구성하도록 하는 거지요. 익숙함에 대한 경계와 앎의 의미에 대한 성찰을 기대한다 할 수도 있습니다. 앎이란 추론 과정에 관한 이해를 포함하는데, 결과물을 자주 마주하다 보면 과정을 잘 모르면서도 내용을 안다고 착각할 수 있습니다. “당연한 사실도 증명해야 하나요?”란 질문을 받으면 저는 이렇게 되묻습니다. “증명할 수 없다면, 어떻게 그걸 당연하다 할 수 있을까요?” 공부가 익숙함에 맞서며 치열하게 의심하는 작업이라는 이야기도 학생들에게 전하려 합니다.

시험을 어떤 환경에서 치르면 좋을지도 생각해봐야 할 논점입니다. 2년에 한 번은 대학원에서 '글쓰기와 연구윤리'를 강의합니다. 그런데 고립된 공간에서 종이 위에 글을 쓰는 사람이 요즘 얼마나 있겠습니까? 외려 인터넷을 효과적으로 사용할 줄 아는 게 더 중요하다 해야겠지요. 자료 검색은 물론이고 사전이나 맞춤법 검사기도 잘 활용할 필요가 있습니다.

글쓰기와 연구윤리 과목은 무선인터넷에 안정적으로 접속할 수 있는 강의실에서 대학원생들이 클라우드에 바로 답안을 올리게 하였습니다. 공학수학 과목은 추론에 사용할 정보를 학부생들에게 제공하고 닫힌 공간에서 답안을 적게 하였고요. 아날로그형 수학 시험과 디지털형 글쓰기 시험이었다 할 수 있을까요? 어떤 질문을 할 것인지와 더불어, 시험 치르는 환경이 시대가 요구하는 능력을 평가하기에 적합한지도 늘 고민입니다.

—

- 명백해 보이는 명제지만 그냥 받아들이지 말고 덧셈 공리에서 이끌어내라는 요구였습니다. 선입견을 버리고 말입니다. 답이 궁금한 분들이 계신 듯하여, 문제의 조건인 덧셈의 법칙과 답안을 여기 붙입니다. 뺄셈은 정의돼 있지 않아 $x+y=y$의 양변에서 y를 빼는 식으로 간단히 $x=0$을 얻을 순 없습니다. 결합법칙이 사용된다는 사실도 명확히 할 필요가 있고요.

집합 V에서 정의된 덧셈(+)의 법칙

① V는 덧셈에 대해 닫혀 있다.
즉, $a \in V$, $b \in V$이면 $a+b \in V$

② 교환법칙을 만족한다. 즉, $a+b=b+a$

③ 결합법칙을 만족한다. 즉, $(a+b)+c=a+(b+c)$

④ 항등원(0)이 유일하게 존재한다. 즉, $a+0=a$

⑤ 역원이 존재한다. 즉, $a+(-a)=0$

주1) 위에서 a, b, c는 V에 속하는 임의의 원소

주2) ③이 성립하지 않는다면 $a+b+c$ 같은 표현은 모호함

주3) ⑤에서 $(-a)$는 a에 대응하는 V의 원소일 뿐,
a에 -1을 곱했다는 의미는 아님
곱하기나 빼기 같은 다른 연산은 정의되지 않았음

"$x+y=y$이면 $x=0$이다"의 증명

$(x+y)+(-y)=y+(-y)=0$ ($\Leftarrow x+y=y$ & ⑤)

$(x+y)+(-y)=x+(y+(-y))=x+0=x$

③ ⑤ ④

$\therefore\ x=0$

주4) 그냥 "$x+y=y, x+y-y=y-y=0 \Rightarrow x=0$"처럼 쓰면 감점
정의되지 않은 빼기(-) 연산을 사용했고
결합법칙을 언급하지 않았기 때문임

어처구니없을 정도로 쉬운 내용이지요? 그런데 뺄셈을 사용한 학생들이 제법 많습니다. 일종의 선입견에 영향을 받은 셈이지요. 결합법칙을 언급하지 않는 학생들도 꽤 있습니다. 익숙함에 영향을 받았다 할 수 있겠지요. 쉬운 문제 안에 중요한 메시지를 담으려 늘 애를 쓰는데, 이번 건 어땠는지 모르겠습니다.

오름에서 얻은 지혜

화산활동으로 생겨난 작은 산을 제주어로 오름이라 합니다. 사람들은 오름 자락에 집을 짓고 밭을 일구었습니다. 그리고 수많은 신을 섬기며 척박한 환경과 맞섰지요. 오름 길이 저는 좋습니다. 능선에 다다르면 굼부리(분화구)가 신비로운 모습을 드러내고, 장쾌한 풍경이 펼쳐집니다. 앞뒤로는 푸른 바다와 한라산이, 그리고 그 사이엔 또 다른 오름들이 여기저기 기묘하게 자리를 잡고 있습니다.

걷고 또 걷습니다. 꼭 정상에 이르기 위해서만은 아닙니다. 길을 가는 과정도 소중합니다. 뚜벅뚜벅 다니다 보면 갈림길도 자주 만나게 됩니다. 잘 살피지 않으면 보통은 크고 넓은 길로 접어들기 마련입니다. 하지만 오름 유람에선 그게 목장까지만 이어진 길일 가능성도 있습니다. 그런 일이 생겨도 크게 문제가 되진 않습니다. 다시 돌아와 다른 길로 가면 되기 때문입니다. 당연히 가야 할 길처럼 보였던 게 내 길이 아님을 깨닫는 성과도 거둡니다. 그렇게 헤매는 편이 전체 윤곽을 파악하는 데 더 도움이 되기도 하지요.

길은 여러모로 삶처럼 보입니다. 목장으로 통하는 큰 길이 오름에 오르려는 이들에겐 막다른 길이 될 수도 있습니다. 얽히고설킨 길이 서로 어떻게 연결돼 있는지 파악하는 것도 의미 있는 일입니다. 많은 탐험을 요구하기도 합니다. 인생도 마찬가지인 듯싶습니다. 자신의 삶을 선택하고 다른 사람의 삶을 이해하려면 다양한 시도와 탐구가 필요하겠지요. 기성세대도 그렇겠지만, 특히 세상으로 나갈 학생들에겐 이런 탐색이 더 소중한 체험이 될 것입니다.

수학 문제조차 늘 답이 하나만 있는 건 아닙니다. 어떤 문제는 답이 아예 없습니다. 그럴 땐 답이 없다는 사실을 추론하는 게 문제를 제대로 푸는 과정입니다. 답이 여럿 있는 문제도 있습니다. 학생들이 각자 다른 길을 선택해 서로 다른 정답에 이를 수 있음을 뜻합니다. 답 없는 문제의 답을 찾으려 하는 것만큼 허망한 일도 없을 테고, 또 제각기 다른 정답을 찾아놓고 상대방의 답이 틀렸다고 우기는 것만큼 민망한 일도 없겠지요. 막다른 길처럼 답이 없거나, 한 곳에서 만나는 갈림길처럼 답이 여럿 있는 상황을 겪어보는 건 그래서 중요한 경험입니다.

흔히들 가는 길이라는 이유로 무작정 따라나서면 곤란합니다. 때로는 갔던 길을 되돌아와 다른 길을 선택해야 하기도 합니다. 하지만 현실은 녹록지 않습니다. 한국의 경쟁 체제가 시행착오를 잘 허용하지 않고, 과정보단 결과로 일렬 순위를 매기기 때문입니다. 1등을 향한 소모적인 경쟁은 모든 사람을 고통스럽게 합니다. 다양한 탐색 없이 외길로만 달려와 1등을 차지한 학생도 진정한 의미의 경쟁력을 갖추게 되었는진 의문입니다.

미래를 내다보기가 더 어려워졌습니다. 불확실성의 시대입니다. 기계에 불과한 컴퓨터와 로봇이 머지않아 사람 수준에 근접하는 지능을 갖추게 되리라는 주장도 있습니다. 중국의 검색엔진 회사인 바이두는 이 글이 쓰인 2015년 8월 현재, 영상인식 오차가 5.98%에 불과한 컴퓨터를 개발하였다 합니다. 인공지능으로 말미암아 앞으로 없어질 직업이 새로 만들어질 일자리보다 더 많으리라는 전망도 있습니다. 단순노동뿐 아니라 사무직은 물론이고 트럭 운전 같은 직업이 사라질 날이 올 수도 있답니다. 어떻게 대비해야 할까요?

하나의 길에 학생들을 한 줄로 세워선 안 될 것입니다. 학생들이 여러 길을 탐험해봐야, 필연적으로 마주하게 될 세상의 낯선 길을 기꺼이 선택하며 도전에 나설 수 있겠지요. 새로운 걸 학습하는 능력은 필수 덕목입니다. 학습 결과를 쌓아두는 일은 컴퓨터한테 맡기고, 학교에선 미래세대의 학습능력을 키우는 문제에 집중하면 좋겠습니다. 그게 기성세대의 책무라 여깁니다. 함께 가야 할 길입니다.

교수님 제발 수업 좀 제때…

"안녕하세요. 저는 인문사회계 캠퍼스 ○○관에서 3교시 수업이 있는 학생입니다. 2교시 수업 마치고 ○○관까지 가는 데 걸리는 시간은 13~14분입니다. 수업이 45분에 끝나야, 59분에 ○○관에 도착할 수 있습니다. 요즘 들어 강의가 조금씩 늦게 끝나면서, 3교시 수업에 그만큼 늦게 돼 지각이 많이 쌓인 상태입니다. 교수님께 이런 부탁을 드리는 게 무례고 실례임을 알고 있습니다만, 제발 45분에 맞춰서 수업을 끝내주시기 바랍니다. 첨부 파일은 자연계 캠퍼스에서 ○○관까지 가는 길을 나타낸 지도입니다."

이번 학기에 제 강의를 들은 어떤 학생이 중간고사까지 다 치르고 나서 익명게시판에 올린 글입니다. 보통 강의할 땐 시작하는 시각뿐만 아니라 끝나는 시각도 정확히 맞추려 하는데, 이번 학기엔 제가 1~2분 정도 강의를 늦게 끝낸 경우가 잦았던 모양입니다. 바로 댓글을 붙였습니다. “이런 부탁은 전혀 무례하지 않습니다. 다른 수업을 제대로 듣는 것도 학생들의 권리기 때문입니다. 진작 말해주었으면 더 좋았겠습니다. 혹 지금까지의 지각이 문제가 될 것 같으면, 내가 그 과목 담당 교수님께 메일을 보내볼 수도 있습니다. 그런 게 필요하다고 여기면 알려주세요.”

학생들이 당연한 요구를 이렇게 힘들게 하는 게 안쓰럽습니다. 청년들이 정당한 요구를 자유롭게 하고, 이해가 안 되는 부분이 있으면 권위나 나이 등의 차이에 움츠리지 말고 거리낌 없이 질문할 수 있기를 바랍니다. 동의하기 어려운 답변이 나오면 받아들이지 않으면 됩니다. 설령 답변에 동의하지 못하는 까닭이 자신의 경험과 지식이 부족한 데 있다 하더라도 말입니다. 과정을 따라가지 못한 채 결과만 받아들이는 태도는, 자유로운 시민이 되는 데도, 훌륭한 과학기술자가 되는 데도 보탬이 되지 않습니다. 아니 장애물입니다. 그리고 이런 장애물을 이렇게 높이 쌓아 올린 이들은 물론 기성세대입니다. 강의를 제때 끝내 달라는 부탁마저 그토록 어렵게 하게 만든 책임은 저 같은 학교 선생들한테 물어야 할 것입니다.

답 찾기보다 더 중요한 게 문제 만들기입니다. 그리고 문제 만들기의 핵심은 질문하기에 있습니다. 인터넷의 시대에 이르러 답 찾는 일은 예전과는 비교도 할 수 없을 정도로 쉬워졌습니다. 정보는 이제 더는 과거와 같은 권력이 아닙니다. 중요한 건 정보를 모으고 추리고 엮어서 지식을 만드는 일입니다. 마치 구슬을 꿰어 보배를 만들듯 말입니다. 질문 잘하는 방법을 배우는 게 점점 더 중요해지는 시대에 한국의 교육 현장에선 여전히 답 찾는 연습만 기를 쓰고 하게 합니다. 대학도 크게 다르지 않습니다. 대한민국은 역설의 공간입니다. 이 공간의 방식으로 경쟁하다 보면 경쟁력마저 잃게 될지도 모르기 때문입니다.

강의가 늦게 끝나면 어떻게 되는지를 지도까지 붙여가며 꼼꼼히 설명해준 학생은 그게 무례한 일이 될까 봐 걱정이 많았던 모양입니다. 이 청년과 다른 수강생들한테 안타까운 마음을 담아 이렇게 전했습니다.

"말하려는 내용의 문제와 말하는 방식의 문제는 구별할 필요가 있습니다. 하고 싶은 얘기 다 하세요. 질문하기는 학생의 특권입니다. 물론 예의도 중요합니다. 맞는 얘기라도 예의 없이 하면 상대방이 잘 안 듣게 되기도 하지요. 하지만 예의를 꼭 나이와 연결할 필요는 없습니다. 그러면 외려 논점이 흐려집니다. 예의는 나이를 떠나서로 지켜야 하는 것이기 때문입니다. 나이가 많다는 이유로 반말이나 막 하는 거야말로 무례한 일이지요. 여러분은 충분히 예의가 바릅니다. 하고 싶은 말 다 할 수 있기를 거듭 바랍니다."

서로 다른 시선의 만남

융합의 시대라 합니다. 21세기의 문제는 복잡다기해 기존 패러다임의 개별 학문적 접근만으론 제대로 다룰 수 없기 때문입니다. 하지만 다시 생각해보면 융합을 말하지 않은 시대는 없었던 것 같기도 합니다. 융합의 철학이나 맥락, 대상에 따라 그 의미도 달라질 수밖에 없겠고요. 지금 우리에겐 어떤 융합이 왜 필요할까요?

경희대 도정일 교수는 2014년 3월 28일 〈한겨레〉에 보낸 특별 기고문에서 과학을 배우는 학생들이 인간 존재의 의미와 가치에 대해서도 고민해볼 수 있도록 과학교육과 인문학이 융합되어야 한다고 말했습니다. 공감할 만한 이야기라 여겼습니다. 도정일 교수도 언급했듯이, 과학도 인간이 발명해낸 거대한 가치이기 때문입니다. 흔히 과학 하면 물질문명을 떠올리고 단단한 확실성을 상상합니다. 그러나 과학은 결과에 관한 것이라기보다는, 합리적이고 비판적이며 성찰적인 과정이자 문화입니다. 다만, 과학과 기술이 하나로 묶여 늘 경제 발전의 도구로만 인식돼 온 대한민국에선 아직 그런 문화가 자리 잡지 못했을 뿐입니다. 과학교육과 인문학의 융합은 그래서 더더욱 필요한 일이라 할 수 있을 것입니다.

하지만 도정일 교수의 글에 나오는 과학교육이란 낱말의 의미가 제겐 명확하지 않았습니다. 이공계 대학에서 미래의 과학기술자들에게 제공하는 교육 프로그램 전반을 이야기하는 거라면, 도정일 교수의 제언에 문제를 제기할 이유가 전혀 없습니다. 과학자나 공학자한테 인문학적 소양이 필요하다는 데 저도 공감하기 때문입니다. 최근에는 과학방법론이나 데이터 분석·처리 같은 전통적인 논점뿐만 아니라 과학기술의 역사나 철학 같은 메타과학적 주제까지 과학교육에 포함해야 한다는 주장도 들립니다. 교육에 관심이 있는 과학자들이라면 이런 견해에 어렵지 않게 공감할 수 있으리라 여깁니다.

그렇지만 좁은 의미의 과학교육이라면 이야기가 좀 달라집니다. 우주에 관한 물리 이야기를 할 때 우주 속 인간 존재의 의미까지 함께 가르치라 하는 거라면, 그건 과도한, 그래서 조금은 잘못된 요구일 성싶기 때문입니다. 우주 속 존재로서는 티끌만도 못해 보이는 인간이 우주에 관해 그만큼 알아냈다는 건 경이로운 사건입니다. 더 놀라운 일은 그걸 알아낸 방식입니다. 저는 학생들이 자연과학을 공부하면서 그런 경이로움을 느낄 수 있기를 바랍니다.

융합은 대세입니다. 융합의 필요성을 이야기할 때, 사람들은 흔히

결핍 모형을 떠올립니다. "이공계 사람들은 인문학적 소양이 결핍돼 있으니 보완해주자!" 뭐 이런 식으로 말입니다. 그런데 여러 결핍 모형을 기계적으로 모아 결핍을 해소하려는 방식이 과연 지금 시대가 요구하는 융합이라 할 수 있을까요? 그렇진 않을 듯합니다. 자기 분야의 역사와 철학을 이해하고 치열하게 연구하다 보면 결국 경계에 다다를 것입니다. 저는 그런 경계에서 자연스럽게 만나는 게 제대로 된 융합이라 여깁니다. 진정한 융합은 서로 다른 시선의 만남입니다.

(좁은 의미의) 과학교육의 문제는 외려 충분히 과학적이지 않다는 데 있습니다. 수학교육도 마찬가지입니다. 저는 학생들이 과학이나 수학을 제대로 공부해 합리적으로 의심하는 태도, 결과보다는 과정을 중요하게 여기는 태도 등을 잘 배울 수 있기를 바랍니다. 지금의 과학과 수학 교육이 진정한 의미에서 더 과학적이고 더 수학적이어야 한다는 게 공대에서 수학을 가르치는 저의 생각입니다.

문사철 같은 인문학humanities과 더불어 과학과 수학은 핵심 교양liberal arts의 또 다른 한 축입니다. 이과 학생들한테 인문학적 소양이 필요한 만큼 문과 학생들한테도 과학·수학적 소양이 필요하다고 여깁니다. 과학을 인문학처럼 하는 게 아니라 과학과 인문학을 핵심 교양으로 함께 공부하는 게 답인 듯합니다. 과학과 인문학 모두 더 과학적이고 더 인문학적으로 말입니다.

수학, 자유로운 시민의 필수 교양

세계 수학자 대회가 2014년 8월 서울에서 열렸습니다. 이번 대회는 특히 이란 출신인 마리암 미르자카니가 여성으론 최초로 필즈상을 받게 되어 더 역사적인 자리로 기억될 듯합니다. 또 하나 인상적인 건 〈교육방송EBS〉에서 개막식을 생중계했다는 점입니다. 학술대회가 지상파로 방송되었다는 사실은 어찌 보면 좀 감동적이기까지 합니다. 수학이라는 학문의 권위를 엿볼 수 있는 대목이기도 하고요. 수학 정신은 현대 과학문명의 토대입니다. 물리적인 세상을 거의 완벽하게 기술하는 수학 법칙이 있다는 사실은 경이롭습니다. 수학이 대체 뭐기에 이런 힘이 있는 걸까요? 그리고 이런 게 (수학자가 되지 않을) 거의 모든 사람들의 삶과 무슨 상관이 있을까요?

수학자들은 수학이 중요하다고 말합니다. 수학자가 아닌 저도 학생들한테 늘 같은 얘기를 합니다. 수학이 왜 필요한지를 설명하는 게 응용수학자들한테는 그리 어려운 일이 아닐 겁니다. 응용 대상의 중요성을 강조하면 될 테니까요. 순수수학자들은 어떨까요? 한쪽에선 이런 말을 합니다. "수학적 성과는 언젠가 사용될 것이다. 이를테면 컴퓨터 보안이 가능해진 것도 수학 덕분이다. 응용 가능성은 무궁무진하다." 또 다른 한쪽에서는 "수학은 수학자가 아니면 이해할 수 없다. 대중과 소통할 수 있는 게 아니다"라고 하기도 합니다. 수학자가 아니면 이해할 수 없는 수학은 말할 것도 없고, 곧바로든 궁극적으로든 응용될 것이기에 중요한 수학도 보통사람들한테는 그저 구경거리일 뿐입니다. 그렇다면 수학은 수학 하는 사람들을 위한 것이겠지요.

하지만 꼭 그렇지만은 않습니다. 수학은 자유롭고 유능한 시민이 되는 데 필요한 소양이기도 합니다. 사유방식이자 문화로서 수학은 핵심 교양의 중심축입니다.• 연역추론으로서 수학은 인간이 만들어낸 것 가운데 가장 확실한 지식체계입니다. 모호함이 전혀 없게끔 구성된 정교한 언어이기도 합니다. 수학은 엄밀한 개념 정의와 정교한 문장 구성, 정량적 사고와 추상적 사고, 그리고 논리적 추론을 가능하게 하는 강력한 사유체계입니다.

고대 그리스 사람인 유클리드가 위대한 건, 그가 수많은 기하학적 명제들을 발견했기 때문이 아니라 그것들을 단 다섯 개의 공리에서 연역적으로 이끌어냈기 때문입니다. 게다가 그 명제들은 지금도 대부분 참입니다. 평평한 추상적 공간을 전제로 한다면 말입니다. 인간이 만들어낸 지식 가운데 이처럼 반증되지 않고 축적되는 건 수학뿐입니다. 물론 완전한 확실성은 수학에서도 실현할 수 없는 이상입니다. 놀랍게도 수학자들은 그 실현 불가능성마저 증명해냈습니다. 증명 불가능성을 증명하거나 예측 불가능성을 예측하는 건 수학과 과학의 위대한 성취입니다.

어떤 이에게 물고기를 한 마리 잡아주면, 그는 그걸로 하루를 버틸 겁니다. 하지만 낚시하는 방법을 알려주면, 그 능력으로 평생을 살 수 있습니다. 낚시법에 해당하는 게 바로 학습능력이고, 수학적 사유는 그 바탕입니다. 그런데 우리 수학교육은 안타깝게도 엄청나게 많은 물고기를 학생들에게 강제로 먹이는 식입니다. 생각하는 훈련 대신 반복 작업을 강요합니다. 반反수학적입니다. 그래도 한국인 필즈상 수상자는 나올 수 있습니다. 구조적인 한계를 스스로 극복하는 천재는 있을 수 있으니까요. 정말로 중요한 문제는 한국이 이른바 수포자(수학포기자)의 나라가 되었다는 사실입니다. 심각합니다. 수학은 자유로운 시민의 필수 교양이기도 하기 때문입니다. 수학은 권위에 맹종하지 않습니다. 엄정한 논리가 곧 권위입니다. 지금 필즈상이 문제가 아닙니다.

—

- 문과는 수학을 몰라도 된다고 하거나 수학이 싫으면 문과에 가야 한다는 말을 들을 때마다 한숨이 나옵니다. 수학이 그렇게 유통되는 게 안타깝기 때문입니다. 수학은 강력한 사유방식이자 아름다운 언어입니다. 엄청나게 많은 문제를 유형별로 나눠 암기하듯 풀게 해서 익힐 수 있는 게 아니지요. 수학은 핵심 교양입니다. 인문학(문사철)·과학과 함께 말입니다. 그래서 저는, 일상적으로 수학을 도구로 활용하는 이과 학생들한테도 수학의 이런 측면을 늘 강조합니다. 교양으로서 수학은 문과 사람은 물론이고 이과 사람한테도 그리 익숙하진 않습니다. 안타깝게도 수학을 핵심 교양으로 이야기하는 사람은 주변에 많지 않습니다. 일반인한테 수학은 그저 외계어고, 수학자는 그런 괴상한 언어로 자신의 행성에서만 소통하는 외계인일 뿐입니다. 이런 분리는 바람직하지 않습니다. 아니 옳지 않습니다.

수학, 어떻게 가르쳐야 하나?

토끼와 거북이가 달리기 경주를 합니다. 거북이는 1초에 1미터를 가고 토끼는 10미터를 달릴 수 있습니다. 하나 마나 한 경쟁이 되지 않도록 토끼가 10미터 뒤에서 출발하기로 합니다. 결과는 어떻게 될까요? 토끼는 1초 뒤에 거북이가 출발한 지점에 도달합니다. 그사이 거북이는 1미터를 전진합니다. 격차는 1미터로 줄었지만, 여전히 존재합니다.

토끼는 다시 0.1초 뒤에 거북이가 있던 지점에 다다릅니다. 그런데 그사이에 거북이는 또 0.1미터를 앞서 갑니다. 거북이가 있던 자리까지 토끼가 이동하는 동안 거북이는 좀 더 앞으로 나아가게 되지요. 이런 과정은 영원히 반복됩니다. 그럼 어찌 되는 걸까요? 토끼는 영영 거북이를 따라갈 수 없을까요? 하지만 우리는 어느 시점에 이르러 토끼가 거북이를 추월할 것임을 압니다. 이른바 제논의 역설입니다. 수학의 원형을 만든 그리스인들이 위대한 건, 논리적으로 설명할 수 없는 현상을 받아들이려 하지 않았다는 점입니다. 설령 경험한 바 있다 해도 말입니다.

제논의 역설은 이제 더는 역설이 아닙니다. 어떤 수들을 무한히 더해도 그 합이 유한해질 수 있음을 이해할 수 있게 되었기 때문입니다. 당연한 이야기 아니냐고요? 무한급수의 극한과 수렴이라는 개념 없이는 가능한 일이 아니었습니다. 더불어 이러한 극한의 개념은 미적분학의 단단한 기초가 되었습니다. 변화하는 세상 만물을 정량적으로 기술하는 수학적 언어인 미분방정식은 이렇게 극한의 토대 위에 서 있습니다.

2015년에 문·이과 통합형 교육과정이 발표되었습니다. 이를 두고도 말들이 많습니다. 〈한겨레〉에도 소개된 바 있는 수포자 전국 실태조사 결과는 수학교육에 대한 논쟁을 불러일으키기도 하였습니다. 주된 논란거리는 '많은 학습량'입니다. 〈한겨레〉는 사설을 통해 수학 포기라는 낯부끄러운 현실에서 벗어나려면 우선 학습량을 줄여야 한다고 주장했습니다.

문제의식에는 공감합니다. 하지만 수포자가 많이 나오는 상황을 공부 범위가 넓다거나 내용이 어려운 탓으로만 돌릴 순 없습니다. 똑같은 대상을 다루더라도 불필요한 부담을 없애고 핵심 개념에만 집중하게 할 수도 있을 테니까요. 무엇을 가르칠 것인가가 아니라 어떻게 가르칠 것인가를 물어야 합니다. 교육과 평가 방식은 그대로 둔 채 학습 주제의 폭만 좁히는 데 그친다면 수포자를 줄이긴 어려울 것입니다. 그럼 수학을 포기하지 않은 학생들에겐 더 안타까운 일이 될 수도 있겠지요.

수학은 사유 방식입니다. 토끼가 거북이를 곧 추월할 거라는 경험적 사실을 눈앞에 두고도 이를 의심하며 논리적으로 따지려는 게 바로 수학적 태도입니다. 수학은 학생들이 자유롭고 유능한 시민으로 성장하는 데 꼭 필요한 소양입니다. 이토록 중요한 수학이 쉬울 수만은 없겠지요. 그러니 어려운 수학을 피하자는 이야기는 조금은 형용모순에 가까운 논리일지도 모르겠습니다. 정말 잘못된 것은, 생각하는 연습을 하도록 하는 대신 반복 작업만 기계적으로 강요하다시피 하는 교육 방식입니다. 물론 이를 조장하는 대학입시 환경과 경쟁체제의 현실도 잘 헤아려야 하겠지요.

어떻게 가르칠 것인지를 빼고 학습량과 난이도만을 논점으로 삼는다면, 그건 공허한 일입니다. '쉬운 수학'과 '학습량 감축'을 이야기하는 교육부, 교육부 시안이 어려운 내용을 많이 포함하고 있어 여전히 문제라는 시민단체, 그리고 특정 주제는 반드시 가르쳐야만 한다는 전문가, 이들 모두 핵심을 벗어난 논쟁을 하는 것처럼 보입니다. 어떤 내용을 공부하든 학생들이 제대로 된 수학적 체험을 할 수 있도록 하는 게 그 무엇보다 중요한 과제라 여깁니다.

수학적 엄밀성

수학사에서 18세기는 영웅시대라 불리기도 합니다. 수학자들이 위대한 과학적 성과를 성취해냈기 때문입니다. 하지만 이 성과가 부실한(?) 논리적 토대 위에 있었기에, 18세기는 혼란의 시대기도 했습니다. 19세기 들어 수학적 엄밀성은 아주 중요한 논점이 되었습니다. 미적분학의 수학적 기초도 코시와 바이어슈트라스를 거치며 19세기에야 비로소 마련되었지요. 뉴턴과 라이프니츠 이후 얼마나 오랜 시간이 흘렀는지를 생각해보면, 이건 사실 아주 놀랄 만한 일입니다. 어쨌든 수학자도 사람인지라 수학적 엄밀성을 두고 이런저런 견해차가 있었습니다. 엄밀한 증명에 너무 집착할 필요가 없다는 이들도 꽤 있었는데, 자크 살로망 아다마르1865~1963는 이렇게 말했다고 합니다. "엄밀성은 직관이 정복해 놓은 것을 사후 승인할 따름이다." 그런데 이 사람 가만히 보니 백 살 가까이 살았습니다. 우연한 일치인지는 모르겠지만, 수학적 엄밀성에 집착하는 게 건강에 썩 좋지는 않음을 뜻하는 예일지도 모르겠다 싶습니다. 무한의 세상을 연 칸토어나 일종의 증명 불가능성을 증명했던 괴델 같은 천재가 겪었던 극심한 정신적 고통을 떠올리며, 왠지 아다마르는 편히 살았을 것 같다는 느낌이 들었습니다. (심각한 얘기도 아니고, 근거도 없습니다.) 모리스 클라인의 『수학의 확실성』을 읽다가 하게 된 생각입니다. 18세기가 영웅의 시대이자 동시에 혼란의 시대였다는 이야기, 엄밀성을 두고 아다마르가 했다는 이야기, 모두 『수학의 확실성』에서 가져온 것입니다.

◈

수학자는 증명을 합니다. 물론 과학자를 포함해 모든 사람이 수학자일 필요는 없습니다. 골드바흐의 추측conjecture을 예로 들어 보지요. 2보다 큰 짝수는 다 두 소수의 합으로 나타낼 수 있다는 주장입니다. 4=2+2, 6=3+3, 8=3+5, 10=3+7, …. 수학에서 추측은 참이라는 심증이 매우 강하지만, 이제껏 아무도 증명하지 못한 진술을 뜻합니다. (참일 가능성과 거짓일 가능성이 두루 있는 일상 언어에서와는 그 의미가 다르지요.) 두 소수의 합으로 표현할 수 없는 짝수를 찾은 이는 지금까지 단 한 명도 없습니다. 슈퍼컴퓨터를 사용해도 마찬가지입니다.

이쯤 되면, 골드바흐의 추측은 그냥 받아들이는 게 합리적인 태도라 해야 하지 않을까요? 골드바흐의 추측을 전제로 쓸모있는 결과를 많이 얻어낼 수 있다고 가정해보지요. 골드바흐의 추측이 증명되지 않았다는 이유로 그걸 포기하시겠습니까? 아니면 골드바흐의 추측이 거짓일 가능성이 거의 없다는 논리로 그 결과들을 사용하시겠습니까? 수학적 엄밀성은 강력한 도구이지만, 현실에선 이따금 구속이 될 수도 있습니다. 이런 딜레마가 수학적 엄밀성이 덜 중요함을 뜻하진 않습니다. 논점은 대상이 유한하지 않다는 데 있습니다. 수학은 그런 무한을 엄밀하게 사유합니다. 물론 세상의 문제를 다 그런 식으로 다뤄야만 하는 건 아닙니다. 모든 사람이 수학자일 필요가 없다는 이야기도 그래서 하였습니다. 하지만 수학적 엄밀성의 의미를 이해하지 못한다면, 그걸 언제 포기해야 하는지도 알 수 없겠지요.

수식

일반인에게 양자역학을 설명할 때 수식을 얼마나 어떻게 써야 수학을 이용한다 할 수 있을지 사실 분명치 않습니다. 수학을 사용한다는 책에도 엄청나게 복잡한 수식이 나오는 건 아니고, 수학을 사용하지 않는다는 책에도 수식이 전혀 안 나오는 건 아니기 때문입니다.

수식도 문장의 일부입니다. 등호('=')가 나오는 수식은 독립된 문장이거나 명사절이지요. 이를테면, '*A*=*B*'가 독립된 문장이면 '*A*는 *B*다.'처럼 문장 부호까지 찍어야 하고, 명사절이면 '*A*가 *B*라는 것(사실)'으로 읽을 수 있도록 쓰면 됩니다. 문장을 만들고 나면 소리내서 읽어보라고들 하는데, 수식이 포함된 경우도 마찬가지라 여깁니다.

수식이 외계인의 기호가 아니라 문장의 일부임을 확인하면, 수식이 들어간 책이 좀 덜 부담스럽게 느껴질지도 모르겠습니다. 스티븐 호킹이 『시간의 역사』를 쓸 때, 편집인한테서 수식이 한 개 나올 때마다 판매 부수가 반씩 줄어들 거라는 충고를 들었다 합니다. 『시간의 역사』는 사실 읽기 꽤 어려운 책입니다. 혹시 그게 수식이 하나도 없어서 생긴 문제일 가능성은 없을까요? 그런데 사실 『시간의 역사』에도 수식 나오는 문장이 하나 있긴 합니다. 바로 이겁니다. $E=mc^2$.

엘리베이터

제가 일하는 건물 한쪽엔 엘리베이터가 두 대 있는데, 하나는 홀수 층에만 서고 다른 하나는 짝수 층에만 섭니다. 이렇게 되도록 어떻게 했을까요? 홀수 층에만 서는 엘리베이터에선 짝수 층 스위치만 작동하지 않게 했을 것임을 어렵지 않게 짐작할 수 있습니다. 그게 엘리베이터를 특정 층에만 서도록 하는 일보다 훨씬 더 경제적인 방법일 테니까요. 그런데 누구나 어렵지 않게 세울 수 있는 이런 가설을 검증하려면 어떻게 해야 할까요? 제 방법은 다음과 같았습니다.

요즘 엘리베이터는 버튼을 눌러 특정 층을 선택했다가 그 버튼을 다시 누르면 선택이 취소됩니다. 7층에서 엘리베이터에 오른 제가 1층 버튼을 누릅니다. 엘리베이터는 곧 1층을 향해 내려갑니다. 5층을 막 지났을 때, 제가 1층 버튼을 눌렀습니다. 목적지가 없어진 엘리베이터는 다음 정거장에서 서게 될 것입니다. 무한정 움직일 수는 없을 테니까요. 저희 건물 엘리베이터는 어디서 섰을까요? 3층에서 정지했다면, 엘리베이터가 홀수 층에서만 설 수 있게 돼 있다는 뜻일 테고, 바로 다음 정거장인 4층에서 정지했다면 짝수 층에서도 설 수는 있는데 스위치만 작동하지 않는다는 뜻일 겁니다. 엘리베이터는 4층에서 정지했습니다. 이로써 제 가설은 검증되었습니다.

수학과 글쓰기

다음 문제를 푸십시오.

예제 2.3, 2.7, 2.11, 2.15, 2.18, ….

‘공학수학’ 2장 강의가 끝나고 학생들에게 내준 숙제였습니다. 오래전 일입니다. 수학 관련 과목뿐 아니라 많은 이공계 과목의 숙제가 대략 이런 식이었지요. 21세기에 들어선 지 이미 꽤 되었지만, 상황은 제가 학생이었던 20세기와 크게 다르지 않았습니다. 답 찾기보다 질문하기가 더 중요하다는 사실을 헤아리면, 일방적으로 문제를 주고 학생들에게 풀라 하는 건 시대에 맞는 방식이 아니었습니다. 게다가 숙제를 베껴내는 학생들도 있었습니다. 그런 친구들에겐 숙제가 자신에게 보탬이 되기는커녕 시간 낭비에 지나지 않았겠지요. 옳지 않은 일임은 더 말할 나위도 없겠고요. 고민이 깊었습니다.

2장에서 문제 열 개를 골라 푸십시오.

그러다 찾은 해법이 이거였습니다. 문제를 잘 골라 풀어보라는 취지였습니다. 또 학생마다 다른 선택을 할 테니, 숙제를 베껴내기도 예전보단 어려우리라 기대했습니다. 그런데 뭔가 좀 아쉽고 부족한 듯싶었습니다. 학생들 사이엔 모범 답안(솔루션 매뉴얼)도 나돌아, 자기 힘으로 하지 않은 숙제를 제출하는 게 여전히 가능한 일이기도 했지요. 무엇보다도 문제를 어떤 논리로 왜 선택했는지가 중요했는데, 그 부분을 평가할 수 없다는 것도 한계였습니다. 고민은 더 깊어졌습니다.

◈

마침내 이런 식의 과제를 내기에 이르렀습니다.

1. 2장에서 공부한 내용 가운데 가장 흥미가 있었던 주제들을 골라 각각 그 핵심 개념을 간단히 정리하십시오. (A4 용지 한 쪽 이내)

2. 1에서 선택한 주제들과 관련한 문제를 하나씩 골라 푸십시오. 문제 풀이 과정과 더불어, (가능하면) 아래와 같은 내용도 써주기 바랍니다. (A4 용지 두 쪽 이내)

- 문제를 선택한 이유는?
- 문제 푸는 과정에서 특별히 인상 깊었던 점은?
- 문제를 성공적으로 푸는 데 꼭 필요했던 요소는?
(문제를 성공적으로 풀 수 없었던 이유는?)
- 전반적 소감 등 ….

3. 주의할 점

- 주제를 골라 글을 쓸 때(1번)는 교과서의 내용을 단순히 요약하지 말고, 되도록 자신의 글을 써보려 하기 바랍니다. 길게 쓸수록 좋은 건 아닙니다. 헷갈리게 쓰인 한 쪽짜리 글보다는 깔끔하게 정리된 반 쪽짜리 글이 더 낫습니다.
- 선택한 문제의 답을 꼭 찾아야 하는 건 아닙니다. 답을 구하지 못했다면, 풀이 과정과 함께 그 이유를 잘 설명하기 바랍니다. 좋은 문제를 골라 꽤 오래 고민했다면, 설령 성공하지 못했더라도 충분히 공부한 셈입니다. 쉬운 문제를 골라 간단하게 정답을 찾은 경우보다 오히려 낫습니다.
- 자신이 선택한 문제의 출처를 반드시 표기해주기 바랍니다. 기존의 문제를 자신이 직접 가공했다면 어떤 문제를 어떻게 변형했는지 밝혀주기 바랍니다.
- 표지를 사용하지 말고, 첫 장 위에 학번과 이름 쓰고 그 아래 바로 글을 시작하기 바랍니다.

한 단원엔 여러 논점이 등장합니다. 이를테면 복소함수론의 첫 장에선 복소수와 집합, 열림과 닫힘, 함수, 극한, 연속성, 미분 가능성, 해석성, 코시-리만 방정식 같은 개념이 나오지요. 이 가운데 둘을 골라 설명하고 관련 문제를 교과서 등에서 찾아 풀어보라는 게 과제의 내용입니다. 좋은 문제를 찾았다면, 제대로 풀지 못했다 해도 좋은 평가를 받을 수 있도록 하였지요. 어떤 문제를 왜 선택했는지와 그 문제를 어떻게 풀려고 했는지, 그리고 그 과정에서 어떤 일이 있었고 무얼 배웠는지를 짧은 글로 쓰게 한 것이 다른 수학 관련 강의와 다른 점이었습니다. 글의 분량은 수강생 수 등 여건에 따라 달리 정하기도 하는데, 어떨 땐 한 꼭지당 200자 이내로 하라는 제약 조건을 붙이기도 합니다. 아울러 네댓 문장으로 써보라 권유하기도 하지요. 그런 식의 지침을 주지 않으면 한 문장으로 200자를 다 채우는 불상사도 생길 수 있답니다.

연습문제 풀이라는 일반적인 형식에서 출발해 이런 과제에까지 이르게 된 건 기존의 형식에 대한 불만 때문이었습니다. 주어진 문제에 수동적으로 대처하는 대신 능동적으로 문제를 찾아 나서는 과제, 베끼지 않고 스스로 할 수밖에 없는 과제를 구성하는 과정이기도 하였습니다. 평가 작업이 만만치 않다는 현실적인 어려움도 있습니다만, 해볼 만한 가치는 충분히 있으리라 여겼습니다.

◈

수학과 글쓰기가 모두 중요하니, 그 둘을 함께 하자는 단순 조합적 논리는 아닙니다. 바탕엔 수학과 글쓰기가 서로 보완적일 수 있다는 생각이 깔려 있습니다. 수학은 연역적 사유방식이자, 추론의 언어입니다. 과학의 언어기도 하지요. 언어로서 수학은 대단히 특별합니다. 일상 언어에서 두 대상이 닮았다similar 함은 그야말로 말하기 나름이지요. 서울시립과학관 이정모 관장과 영화배우 고창석 씨가 닮았다고 할 수 있을까요? 닮았다는 형용사의 의미가 사람에 따라 조금은 다를 수밖에 없기에 그런 주장엔 늘 논란의 여지가 따릅니다.

이에 반해 선형대수에서 A와 B가 닮은 행렬이란 이야기는 이 둘이 똑같은 선형연산자를 나타낸다는 뜻입니다. 일상 언어로는 '비슷하다'보다 '같다'가 더 알맞다 할 수 있지요. 선형대수를 아는 사람이라면 닮은 행렬의 의미를 서로 다르게 해석할 여지가 전혀 없습니다. 수학이란 언어는 애매ambiguous하지도 않고 모호vague하지도 않습니다. '키가 크다'나 '산이 높다' 같은 문장은 허용하지 않지요. '크다'나 '높다'는 기본적으로 모호한 형용사입니다. 굳이 그걸 사용하려면 얼마나 커야(높아야) 크다고(높다고) 하는지를 미리 정의해두어야 합니다.

물론 일상에선 이렇게 전혀 모호하지도 않고 애매하지도 않은 언어만 구사할 순 없습니다. 또 그래야 할 필요도 없지요. 고창석 씨는 이정모 관장과 닮았다거나 공유 씨는 키가 크다는 식으로 충분히 이야기할 수 있기 때문입니다. 다만, 논증의 영역에선 애매함과 모호함을 최소화하려 노력할 필요가 있습니다. 오해의 소지를 없애고 논리를 분명하게 하며 서로 효과적으로 소통할 수 있도록 하기 위함입니다. 사상의 자유를 보장하는 자유민주주의와 특정 사상의 척결을 주장하는 자유민주주의는 비슷하기는커녕 서로 대척점에 있다고 볼 수 있습니다. 같은 단어가 이렇게까지 다르게 쓰이는 경우는 예외적이겠지만, 조금의 차이가 논리적으로 꽤 다른 결과로 이어지는 사례는 어쩌면 흔한 일일지도 모르겠습니다.

수학은 애매함과 모호함을 완전히 없앨 수 있는 극단의 세계입니다. 현실에선 일반적으로 가능하지 않겠지요. 그렇더라도 되도록 그 극단에 다가가려 노력할 수는 있습니다. 그리고 그 과정에서 문장은 분명해지고 논리는 명확해지리라는 게 제 생각입니다.

◈

언어로서 수학이 일상 언어와 다르다고 해서 수학적 개념을 일상 언어로 나타낼 수 없다는 뜻은 아닙니다. 키가 크다는 말은 모호하지만, 키가 180*cm*라는 말은 전혀 모호하지 않지요. 수학적 개념을 일상 언어로 서술하는 연습은 그 개념을 더욱 풍부하게 한다는 점에서 학생들에겐 의미 있는 작업입니다. 오랫동안 자유롭게 써왔던 개념이지만, 막상 일상 언어로 설명하려 하면 그게 여의치 않을 때도 제법 있습니다. 학생들이 안다고 느꼈던 대상이 사실은 안다기보다 익숙했을 뿐임을 깨닫게 되기도 하지요. 수학적 개념을 일상 언어로 표현하는 일은 이렇게 수학적 개념을 제대로 이해하고 있는지 확인하는 과정이기도 합니다.

$$\lim_{x \to a} f(x) = L$$

이 식을 학생들에게 일상 언어로 적어보라고 합니다. 어떤 학생은 당황해하고, 어떤 학생은 대수롭지 않게 답합니다.

"x가 a로 가면 $f(x)$는 L로 간다."

제가 묻습니다. "x가 a로 간다거나 $f(x)$가 L로 간다는 건 무슨 뜻입니까?"

대화가 이어집니다. "접근한다는 의미입니다."

"그럼 접근한다는 건 뭡니까?"

"…."

저는 학생들의 마음을 흔들고 학생들은 고민에 잠깁니다. 이미 알고 있다고 생각한 수학적 개념을 글로 옮기는 도중에 모호한 단어가 사용되기도 하기 때문입니다. 수학적 개념이 모호하게 느껴진다면, 그건 제대로 이해하지 못했다는 증거지요. 제가 설명을 덧붙입니다.

"여기 임의의 양수 ε이 있습니다. 이제 어떤 양수 δ가 존재해서 $0<|x-a|<\delta$이기만 하면 $0<|f(x)-L|<\varepsilon$이 항상 성립하게 할 수 있는지 확인해보십시오. 그런 δ를 찾을 수 있다면, 여러분은 비로소 $\lim_{x \to a} f(x)=L$이라 쓰며, x가 a로 가면 $f(x)$는 L로 간다고 말할 수 있습니다."

◈

이게 이른바 극한의 엡실론(ε)–델타(δ) 정의입니다. 많은 이공계 학생들이 이 문턱을 넘어서지 못하고 포기하기도 하지요. 간단한 문장을 길고 복잡하게 바꿔 자신들의 마음을 그만큼 더 복잡하게 하기 때문입니다. 독자들 심정도 마찬가지일지 모르겠습니다. 그런데 핵심은 문장의 길이가 아닙니다. 문장을 구성하는 단어의 의미가 중요하지요. '가다', '접근하다', '수렴하다' 같은 서술어는 듣는 이에 따라 다르게 해석할 여지가 없지 않습니다. 하지만 ε과 δ가 등장하는 문장에선 0보다 크다거나 ε 또는 δ보다 작다는 표현이 조건문과 함께 나올 뿐입니다. 오해의 소지가 전혀 없습니다. 엡실론–델타 문턱은 모호하지 않은 세상으로 가려면 넘어야만 하는 것이었습니다.* 실제로 뉴턴과 라이프니츠가 17세기 후반에 만든 미분은 극한의 개념이 이렇게 정의된 19세기 중엽에 이르러야 엄밀한 수학이 될 수 있었습니다. 150여 년이나 걸린 셈이지요.

수학적 개념을 정확한 문장으로 표현하려 할수록, 그 뜻은 더욱더 분명해집니다. 위에서 소개한 과제 외에도 여러 시도를 해 볼 수 있습니다. 이를테면, 매주 하나의 개념을 골라, 그것에 관해 200자로 써보게 할 수도 있지요. 나중에 다 모아놓으면 한 학기 동안 학생의 글이 어떻게 진화했는지 알 수 있습니다. 애매함과 모호함을 허용하지 않는 수학적 훈련은 정확한 문장을 구사하는 데도 보탬이 됩니다. 이태준은 『문장강화』에서 '의미가 너무도 분명해 아무도 부정할 수 없는 글'이 아름답다 했습니다. 그리고 그런 아름다움을 엄연미儼然美라 일컬었습니다. 명확한 단어 정의와 엄정한 논증은 엄연미 있는 글을 쓰기 위한 필요조건이라 할 수 있겠지요. 엄밀한 수학과 정확한 글쓰기의 상호보완적 선순환, 가능한 일이라 여깁니다. 함께 고민해보시지요.

—

- 극한의 ε−δ 정의는 일종의 문턱입니다. 이 문턱을 넘는 데 성공하면 극한의 개념을 정확히 이해하게 되는 거고, 이 문턱에 걸리면 계속 모호한 상태에 머무는 거지요. 꼼꼼히 따져보면 그리 어렵지 않은 ε−δ 정의가 공대생들한테 부담스럽게 느껴지는 데는 익숙함의 문제도 한몫한다고 봅니다. 극한 구하기는 어떤 면에서는 학생들한테 너무도 익숙한 문제입니다. 문제를 많이 풀다 보면 극한에 대한 정확한 이해 없이도 극한을 찾을 수 있지요. 아니 주로 그런 문제가 주어진다고 하는 편이 더 알맞은 표현이겠네요.

  그런데 갑자기 "임의의 ε에 대해서"로 시작하는 정의가 등장하면, 반복적인 문제 풀이를 통해 극한의 개념을 이미 이해한다고 생각한 학생들은 좀 당황해하기도 합니다. 아는 내용을 새롭게, 그것도 더 낯설게 보이는 방식으로 왜 다시 따져야 하는지 잘 모르기 때문입니다. 저도 학생 때 속으로 그렇게 항변하기도 했지요. '반복 훈련을 통해 익숙해진 것'과 '정확히 아는 것'을 구분할 수 있으면 좋겠습니다. 그 필요성에 학생들이 공감할 수만 있다면, ε−δ 정의라는 문턱은 어렵지 않게 넘을 수 있으리라 여깁니다. ε−δ 정의를 꼼꼼히 설명하는 일도 중요하겠지만, '왜' 그리해야 하는지를 잘 이야기하는 게 더 의미가 있겠다 싶습니다.

모두를 위한 수학*

"J에게 내 이야기를 하지 말아 달라고 부탁했다." 무슨 뜻일까요? 내 이야기를 J에게 하지 말라고 다른 사람한테 전했다는 건지, 아니면 내 이야기를 하지 말아 달라고 J에게 부탁했다는 건지 분명하지 않습니다. 일상 언어엔 이런 사례가 드물지 않지요. "A는 B와 함께 한양에서 내려온 관군에게 붙잡혔다"라 쓰면, B는 A랑 같이 관군에게 붙잡혔을 수도 있고, 관군과 함께 한양에서 왔을 수도 있습니다. 물론 앞뒤를 살펴 문장의 의미를 어렵지 않게 따질 수도 있겠지만, 문장 자체가 모호한 건 사실입니다. 맥락을 통해 그 뜻을 파악할 수 있다 하더라도, 이런 문장은 읽는 데 시간이 더 걸릴 수 있습니다. 자칫 오해가 생길 가능성도 있고요.

수학 하면 흔히들 계산을 먼저 떠올릴 텐데 문장의 의미와 모

* 이 글을 여기 다시 싣는 데 동의해주신 도서출판 단비 김준연 대표께 고마움을 전합니다.

호함부터 언급한 이유는 뭘까요? 여기서 저는 수학을 자유롭고 유능한 시민으로 살아가는 데 필요한 사유방식이라 말하려 합니다. 더불어 수학은 언어이기도 합니다. 언어가 생각의 틀이기 때문이지요. 요컨대 수학은 사유방식이자 언어입니다. 수학이 지금까지 존재해왔던 지식체계 가운데 가장 확실하다면, 그 비밀은 어디에 있을까요? 우선 언어로서 수학이 모호한 문장을 허용하지 않는다는 사실을 떠올릴 수 있습니다. 위에서 든 일상 언어의 예처럼 맥락을 잘 살펴야만 의미를 제대로 이해할 수 있는 방식이면 곤란하겠지요. 문장과 문장을 이어나가는 규칙도 특별해, 그런 과정을 거쳐 얻은 결론에 모든 수학자가 동의합니다. 물론 수학자도 사람이라 실수할 수 있고, 또 그런 실수를 찾아내지 못하는 실수를 다른 수학자들이 할 수도 있습니다. 일시적으로 잘못된 결론에 이르게 될지도 모르지요. 하지만 그리 되더라도, 수학적 오류는 언젠간 교정되기 마련입니다.

◈

수학자들이 하는 주장은 왜 확실할까요? 수학적 논리는 왜 그렇게 특별할까요? 그리고 그걸 이해하는 게 앞으로 수학을 하지 않을 시민들에게 어떤 의미가 있을까요? 일단 논증 일반에 관해 잠깐 살펴보기로 합니다. 근거를 대며 하는 주장을 논증이라 일컫습니다. 주장의 근거를 논거, 결론을 논지라 하지요. 논증은 논거와 논지의 쌍이며, 이런 논증을 다루는 학문이 논리학입니다. 그래서 논리학은 결론 그 자체보다 과정에 주목합니다. 논거가 얼마나 탄탄한지가 핵심 논점이기 때문입니다. 상대방의 논리에 공감한다는 건 결론에 이르는 과정에 동의한다는 뜻이지요. 나와 똑같은 결론도 논증으로선 받아들이지 않을 수 있고, 또 나와 다른 생각이 좋은 논증일 수도 있습니다.

논증은 크게 연역논증과 귀납논증으로 나눕니다. 『표준국어대사전』에 따르면, 연역은 일반적인 사실이나 원리에서 개별적인 사실이나 특수한 원리를 유도하고, 귀납은 개별적인 사실이나 특수한 원리에서 일반적이고 보편적인 명제를 이끌어내는 일입니다. 하지만 이런 설명엔 모호한 점이 없지 않습니다. 개별, 특수, 일반, 보편 같은 단어를 사람들이 모두 같은 뜻으로 이해하진 못할 수도 있으니 말입니다.

정확한 의사전달은 단어를 명확히 정의하는 데서 출발합니다. 귀납과 연역부터 다시 시작해 보지요. 논리학에서 귀납이란 전제가 참True이면 결론도 참일 가능성이 큰 논증을 의미합니다. 그 가능성이 얼마나 큰지를 따져 좋은 귀납논증인지 아닌지 평가할 수 있습니다. 결론이 참임을 보장할 순 없습니다.

예를 하나 들어보지요. "세종대왕도 죽었다. 이순신장군도 죽었다. … 이제껏 영원히 산 사람은 없다. 따라서 사람은 모두 죽는다." 물론 마지막 문장에 나오는 결론이 거짓False일 가능성은 없겠지요. 그런데도 이 논증이 귀납인 건 지금까지 관찰한 내용을 바탕으로 주장했기 때문입니다. 그것만을 근거로 삼는다면, 앞으로 영원히 죽지 않을 사람이 나타날 '논리적 가능성'을 배제할 수 없습니다. '현실적 가능성'이나 '물리적 가능성'이 없다 해도 말입니다. 이미 위에서 언급한 바 있듯이, 논증은 논거와 논지의 쌍입니다. 전제가 결론을 지지하는 방식, 즉, 결론에 이르는 과정이 핵심이지요. 같은 결론이라도 주장하는 방식에 따라 귀납논증이 될 수도 있고, 바로 아래에서 이야기할 연역논증이 될 수도 있습니다. 물론 근거를 제대로 대지 못하면 오류논증이라는 불명예를 안게 될지도 모를 일입니다.

연역은 전제가 참이면 결론도 참일 수밖에 없는 논증을 뜻합니다. 귀납이 개연성을 제시한다면, 연역은 확실성을 보장하지요. 삼단논법이 대표적인 예입니다. "① 사람은 모두 죽는다. ② 나는 사람이다. ③ 나도 죽을 것이다." ①과 ②는 전제고, ③은 결론입니다. ①과 ②가 참이면, ③도 참입니다. 결론이 참이 아닐 가능성은 전제 가운데 적어도 하나가 거짓일 때만 존재합니다. 죽지 않는 사람도 있다거나 내가 사람이 아니라면, 내가 죽지 않을 수도 있겠지요. 물론 이 예에선『표준국어대사전』에서 설명하듯 사람이 모두 죽는다는 일반적인 사실에서 내가 죽을 거라는 개별적인 결론이 도출됩니다. 하지만 연역추론이 늘 그렇진 않습니다. "① n이 5보다 크면, ② n이 4보다 크다" 같은 문장에서 ①이 보편이고 ②가 특수라 하긴 어렵지 않겠습니까. 그냥 전제가 참이면 결론도 참인 논증이 연역이며, 이런 방식으로 전개되는 게 바로 수학적 논리입니다.

◈

연역추론의 결과물인 수학적 지식은 확실합니다. 이때 전제가 참이어야 함은 물론이지요. 참이라 가정된 전제를 공리라 하는데, 수학은 공리에서 출발해 정해진 추론 규칙을 거쳐 새로운 문장들을 차례대로 만들어냅니다. 이처럼 공리와 추론 규칙으로 구성된 논리체계를 공리계라 합니다. 추론 규칙의 목록엔 이를테면 "A면 B다. A다. 따라서 B다" 같은 내용이 들어 있습니다. 삼단논법이 여기 해당하지요. 어떤 명제가 공리에서 추론 규칙을 통해 유도될 때 수학자들은 그 명제가 증명되었다 합니다. 그리고 그렇게 증명된 명제를 정리Theorem라 일컫습니다. 정리를 증명하는 게 수학자들에겐 제일 중요한 일상이지요.

결론이 참임을 귀납추론이 보장할 수 없다는 사실은 결론에 전제보다 많은 내용이 들어 있음을 의미합니다. 그렇다면 결론이 참임을 보장하는 연역추론은 전제가 결론을 이미 담고 있다는 이야기가 되겠지요. 이른바 동어반복입니다. 수학의 확실성이 단순한 동어반복의 결과란 말인가요? 기원전 그리스로 거슬러 올라가 『유클리드 원론』(이하 『원론』)을 잠시 살펴보기로 합니다. 『원론』엔 다음과 같이 다섯 개의 공리가 있습니다. (공리와 공준을 구별하기도 하는데, 여기서는 그냥 공리라 부르기로 하지요.)

1. 임의의 점과 다른 한 점을 연결하는 직선은 단 하나다.
2. 임의의 선분은 양끝으로 얼마든지 연장할 수 있다.
3. 임의의 점이 중심이고
   임의의 길이가 반지름인 원을 그릴 수 있다.
4. 직각은 모두 서로 같다.
5. 직선 밖의 한 점을 지나며
   이 직선과 평행인 직선은 단 하나다. (평행선 공리)

유클리드는 위대합니다. 그가 수많은 기하학적 명제들을 발견해서가 아니라, 그것들을 이 다섯 공리에서 모두 유도했기 때문입니다. 기하학을 공리 다섯 개에 압축한 셈이지요. 기하학처럼 우주마저 공리에 담을 수 있다면, 무한한 우주를 유한한 공리들의 동어반복이라 할 수도 있겠군요. 놀랍지 않은가요? 그래서 수학을 위대한 동어반복great tautology이라 하기로 합니다. 『원론』에서 제시된 연역추론 체계는 이후 수학의 전형이 되었고, 과학의 기반이 되었습니다. 그렇게 서양 과학 문명의 바탕을 이루었지요. 뉴턴의 『프린키피아』는 물론이고 스피노자의 『윤리학』, 미국의 〈독립선언서〉, 애덤 스미스의 『국부론』도 모두 『원론』의 구성 방식을 따랐다 합니다. 서양에선 『원론』이 『성경』 다음가는 베스트셀러라는 이야기도 있답니다. 기하학 정리를 하나 살펴보지요.

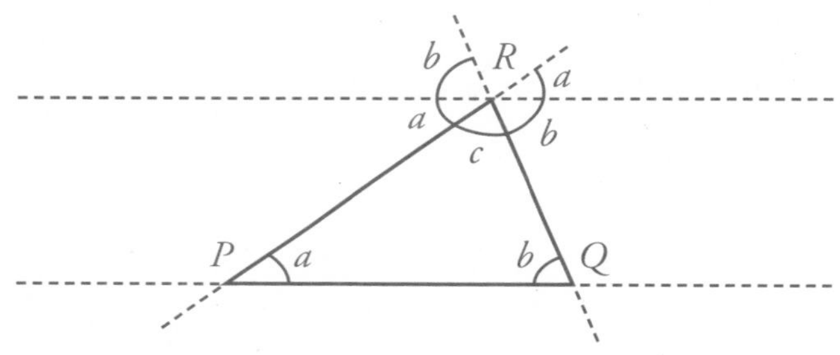

〈그림 1〉 삼각형 내각의 합

[정리] "삼각형 내각의 합은 180°다."

[증명] (번거롭다 싶으면 증명 부분은 나중에 읽기로 하고 일단 그냥 넘어가도 좋습니다.) 〈그림 1〉의 삼각형 PQR을 고려합니다. 그리고 공리2에 따라 선분 PQ, QR, RP의 양끝을 연장해 직선을 만듭니다. 그다음 공리5를 이용해 꼭짓점R을 지나며 PQ를 잇는 직선과 평행인 직선을 그립니다. 그럼 RP를 잇는 직선과 이 평행선이 이루는 각도는 꼭짓점 P의 각도인 a와 같고, 마찬가지로 이 평행선과 QR을 잇는 직선이 이루는 각도는 꼭짓점 Q의 각도인 b와 같음을 알 수 있지요. 이로써 $a+b+c=180°$가 성립합니다. 즉, 삼각형 내각의 합은 180°입니다.

◈

전형적인 증명 방법의 사례를 두 개만 더 들기로 하지요. 우선 모순을 이용해 $\sqrt{2}$가 무리수임을 증명해보겠습니다. 참고로 두 정수의 비로 표현되는 실수를 유리수라 하고, 그리될 수 없는 실수를 무리수라 합니다. 사과 두 개, 귤 두 개, 연필 두 자루 같은 구체적 상황에서 2라는 정수의 개념을 포착하고 정수와 정수의 비로 유리수를 생각했는데, 이 빽빽한 유리수들 사이에 무리수가 있었던 것입니다.

[정리] "$\sqrt{2}$는 무리수다."

[증명] $\sqrt{2}$가 유리수라 가정하지요. 그럼 공약수가 없는 정수 p와 q가 존재해서 $\sqrt{2}$를 p와 q의 비로 나타낼 수 있습니다. 즉, $\sqrt{2}=p/q$, $2=p^2/q^2$이 성립합니다. $p^2=2q^2$이므로 p^2은 짝수입니다. 그런데 p가 홀수면 p^2도 홀수가 되기에, p는 짝수여야 합니다. 이제 어떤 정수 r이 존재해 $p=2r$이 됨을 알 수 있습니다. 이걸 $p^2=2q^2$에 대입하면, $4r^2=2q^2$, $2r^2=q^2$이 성립합니다. 그래서 q^2은 짝수고, q도 짝수입니다. p와 q가 모두 짝수인 것입니다. 하지만 이는 p와 q를 공약수가 없는 정수라 했던 가정, 즉, $\sqrt{2}$가 유리수라는 가정과 모순됩니다. 따라서 $\sqrt{2}$는 무리수입니다.

이런 방식의 증명을 귀류법이라 합니다. 흐름은 이렇습니다. 먼저 결론을 부정합니다. 그리고 거기서 모순을 이끌어냅니다. 그 결과 '결론의 부정'은 거짓이고, 결론은 참이 되지요. 이 방법은 "A면 B다"와 "B가 아니면 A가 아니다"의 진릿값이 같다는 사실을 이용한 증명이라고도 할 수 있습니다. "사람이면 동물이다"와 "동물이 아니면 사람도 아니다"는 둘 다 참이고, "동물이면 사람이다"와 "사람이 아니면 동물도 아니다"는 둘 다 거짓입니다. 귀류법은, B가 아니라는 전제 아래 A가 아니라는 결론을 유도하여 'A면 B다'라는 명제를 증명하는 것과 같지요. A가 아니라는 결론이 전제 A와 모순되기 때문입니다. 이런 식의 귀류법은 일상의 논리에서도 왕왕 사용됩니다. 수학에서처럼 엄밀하게는 아닐지라도 말입니다. 이를테면, 어떤 선택을 하기로 판단하고 나서 그걸 논리적으로 정당화하는 과정을 상상해보지요. 그런 선택을 하지 않을 때 생길 수 있는 결과를 따져보면 어떨까요. 만약 몹시 나쁜 일이 일어나리라 예측할 수 있다면, 그 판단을 정당화할 수 있을 것입니다. 이제 수학적 귀납법에 관해 살펴보지요.

[정리] "첫 n개의 홀수를 다 더하면 n^2과 같다.
즉, $1+3+5+\cdots+(2n-1)=n^2$."

[증명] [단계 1] 먼저 $n=1$일 때를 확인합니다.
$1=1^2$이므로 $n=1$이면 정리의 명제는 참입니다.

[단계 2] $n=k(\geq 1)$일 때, 명제가 참이라 가정합니다.
즉, $1+3+5+\cdots+(2k-1)=k^2$.

[단계 3] 그럼 $1+3+5+\cdots+(2k-1)+(2k+1)=k^2+(2k+1)$
$=(k+1)^2$이므로 $n=k+1$일 때도 명제는 참이 됩니다.
따라서 모든 자연수 n에 대해
$1+3+5+\cdots+(2n-1)=n^2$이 성립합니다.

모든 자연수 n에 대해 성립하는 성질을 보이려 할 때, 세상에 존재하는 자연수 하나하나에 대해 일일이 증명을 시도할 순 없습니다. 무한히 긴 시간이 필요하기도 하겠지요. 수학적 귀납법은 이 무한한 절차를 두 가지 증명으로 압축합니다. 우선 $n=1$일 때 명제가 참임을 보입니다. 그리고 $n=k(\geq 1)$일 때 명제가 참이라 가정하고, 이를 이용해 $n=k+1$인 경우를 증명합니다. 이로써 증명이 완성됩니다. $n=1$일 때 참이니, $n=2$일 때도 참이고, 또 $n=3$일 때도 참입니다. 이런 과정은 영원히 계속돼 결국 모든 자연수 n에 대해 이야기할 수 있게 되는 거지요. n에 따라 내용은 달라져도 일정한 패턴이 존재하면 그걸 증명에 활용하는 방식이라 할 수도 있겠네요. 간혹 귀납이란 단어로 말미암아 혼동이 생기기도 하는데, 수학적 귀납법은 연역추론이지 귀납추론이 아닙니다. 엄연한 수학적 증명이지요.

◈

이처럼 수학에선 연역추론을 통해 공리에서 정리를 이끌어냅니다. 또 그렇게 얻은 정리들을 이용해 또 다른 정리들을 증명합니다. 공리를 주춧돌 삼아 아름다운 건축물을 짓는 것이지요. 이렇게 해서 얻은 문장들은 일상 언어와는 달리 오해의 소지가 전혀 없습니다. 단어의 의미도 물론 마찬가지입니다. "① 실수 x가 충분히 크면 함수 $f(x)$의 절댓값이 ε보다 작다"란 문장을 살펴보지요. x가 얼마나 커야 $|f(x)|<\varepsilon$이 성립한다는 건지 분명하지 않습니다. ①을 이렇게 바꿔 써봅니다. "② 어떤 y가 존재해서, y보다 큰 모든 x에 대해 $|f(x)|<\varepsilon$이 성립한다." ②는 명

확합니다. $x>y$일 때 $|f(x)|<\varepsilon$가 되게 하는 y가 있다는 이야기입니다. 여기서 ①과 ②가 뜻하는 바를 따지려 애를 쓸 필요는 없습니다. ①은 모호하고 ②는 분명하다는 차이만 확인하면 되니까요. 물론 수학자들도 ①과 같은 문장을 쓰기도 합니다. ②의 의미로 사용하기로 합의한 이후에 말입니다.

모든 게 깔끔하게 잘 정리된 듯싶습니다. 자명한 공리에서 연역적으로 유도한 정리들은 다 진리입니다. 그런데 공리가 정말 그렇게 스스로 명백할까요? 『원론』을 쓴 유클리드 자신도 고민이 있었다 합니다. 다섯 공리 가운데 마지막 평행선 공리가 찜찜했던 탓입니다. 시야가 유한한 인간에겐 직선 밖의 한 점을 지나는 무한히 긴 평행선이 딱 하나 있다는 게 사실 의심스러울 수밖에 없습니다. 수학자들은 앞의 네 공리를 이용해 평행선 공리를 증명하려 하였습니다. 평행선 공리의 부정이 다른 공리와 모순됨을 보이려는 시도도 있었지요(귀류법). 그런 일이 성공했다면 평행선 공리는 공리가 아니라 평행선 정리가 되어, 더는 의심의 대상이 되지 않았을 것입니다. 하지만 여의치 않았습니다. 원래 가능한 일이 아니었기 때문입니다.

평행선 공리는 다른 네 공리와 독립적이었습니다. 평행선 공리를 부정해, 주어진 직선 밖의 한 점을 지나는 평행선이 수없이 많다고 하거나 하나도 없다고 가정해도, 유클리드 기하학만큼 옳은 기하학을 건설할 수 있다는 의미지요. 그렇게 비유클리드 기하학이 출현합니다. 평행선이 수없이 많다는 전제 아래 쌍곡기하학이, 하나도 없다는 전제 아래 구면기하학이 등장했습니다. 19세기의 일이니 이들 비유클리드 기하학과 고대 그리스 유클리드 기하학 사이엔 2천 년도 넘는 시차가 있는 셈입니다. 이 대목에서 위에서 증명했던 "삼각형 내각의 합은 180°다"란 정리를 다시 떠올려보지요. 평행선 공리를 사용해 얻은 명제였으니, 비유클리드 기하학에선 달라져야 하지 않겠습니까. 증명하는 데 사용한 공리의 내용이 바뀌었으니 말입니다. 그렇습니다. 삼각형 내각의 합은, 쌍곡기하학에선 180°보다 작고, 구면기하학에선 180°보다 큽니다. 유클리드 기하학의 평면이 평평하다면, 쌍곡기하학은 말안장 같고, 구면기하학은 공처럼 생긴 모양새입니다.

수학적 진리란 무엇일까요? 삼각형 내각의 합이 180°가 되기도 하고, 또 그보다 크기도 작기도 하다면, 대체 뭐가 확실하단 뜻인지요? 서로 다른 이야기가 다 진리일 수도 있나요? 20세기 초반을 살았던 수학자들에겐 이게 심각한 문제였습니다. 자신들이 아주 튼튼한 논리적 기반 위에 있다고 여겼는데, 그 토대가 생각보다 단단하지 않다는 의미일 수 있기 때문이었습니다.

게다가 온갖 역설도 골치가 아팠습니다. "이 문장은 거짓이다"의 예를 들어보지요. 이 문장을 *G*라는 기호로 나타내면, *G*가 거짓이라는 게 *G*의 내용입니다. *G*는 참일까요, 거짓일까요? *G*가 참이라면, *G*가 거짓이라는 말이 맞으니 *G*는 거짓입니다. 반면에 *G*가 거짓이라면, 그렇다고 한 *G*가 참이지요. 이른바 거짓말쟁이의 역설입니다. 이런 역설은 모호함을 피할 수 없는 일상 언어의 한계에서 비롯되었다 할지도 모르겠습니다. 그럼 이건 어떤가요? 버트런드 러셀Bertrand Russell, 1872~1970이 묻습니다. "자기 자신을 원소로 포함하지 않는 모든 집합의 집합을 *P*라 한다면, *P*는 *P*의 원소인가?" 짧지만 복잡한 이 문장의 의미를 따지는 건 독자의 몫으로 남겨두고 결과만 적어보지요. 이런 일이 일어납니다. *P*가 *P*의 원소라면 *P*는 *P*의 원소가 아니고, 반면에 *P*가 *P*의 원소가 아니라면 *P*는 *P*의 원소가 됩니다. 이걸 러셀의 역설이라 일컫습니다. 거짓말쟁이의 역설과 본질적으로 다르지 않습니다.

현명한 독자들은 벌써 이런 역설에 일종의 자기 언급이 포함되었음을 알아챘을 것입니다. 수학자나 논리학자라면 이런 역설을 피해갈 수 있었을까요? 그게 그리 간단하지 않았습니다. 슬픈 사연을 하나 소개합니다. 현대 수리논리학의 아버지쯤 되는 고틀로프 프레게 Gottlob Frege, 1848~1925의 이야기입니다. 수학을 논리학으로 환원해 수학의 기초를 닦으려 했던 그는『산술의 기초』라는 대작의 마지막 둘째 권 출간을 앞두고 있었습니다. 러셀의 편지를 받았을 땐『산술의 기초』 2권이 인쇄기에 걸린 상태였다 합니다. 문제가 있었습니다. 프레게의 집합론이 '자기 자신을 원소로 포함하지 않는 모든 집합의 집합'을 허용했던 것입니다. 모순은 피할 수 없었습니다. 책을 다시 쓸 수 없었던 프레게는 책의 후기에 러셀의 편지를 언급하며 다음과 같이 덧붙였다고 합니다. "자신의 연구를 완성하자마자 그 토대가 무너지는 걸 목격하는 일보다 더 불행한 사건은 없을 것이다."

프레게가 내려놓은 깃발은 그를 좌절시켰던 러셀이 다시 들었습니다. 위기에 빠진 수학을 논리주의로 구해낼 참이었습니다. 러셀은 단순 개체들의 집합과 그런 집합들의 집합을 서로 다른 유형으로 분류하는 방식으로 역설을 해소하려 하였습니다. 하지만 왜 어떤 집합은 허용되고 어떤 집합은 금지되는지 명확히 설명할 수 없었습니다.

아울러 환원과 무한의 공리 같은 논리 외적인 공리도 도입해야 했지요. 수학을 논리학으로 환원하려 한 러셀의 시도는 실패했습니다. 수학의 기초를 단단하게 다지는 과제는 다비트 힐베르트David Hilbert, 1862~1943의 몫이었습니다. 비유클리드 기하학의 출현으로 공리의 진리성이 절대적일 수 없음은 이미 드러났으니, 연역적으로 얻어낸 결론이 실제로 옳은지 그 여부보다는 공리적 토대 자체에 관심을 돌려야 했습니다.

핵심 쟁점은 공리계의 무모순성consistency이었습니다. 공리계가 무모순이란 말은, 서로 모순되는 정리들이 추론될 수 없다는 뜻입니다. 그래야 역설에서 벗어날 수 있지 않겠습니까. 하지만 우리에게 익숙한 자연수 체계조차 무모순성을 증명할 길이 보이지 않았습니다. 게다가 수학의 추상성은 점점 커져만 갔지요. 이때 공리계의 무모순성을 확립하기 위해 힐베르트가 기획한 방법이 연역체계의 완벽한 형식화였습니다. 모든 표현을 의미와 무관한 기호로 보고, 이 기호들을 결합하고 조직하는 방법만 명확한 규칙으로 만들자는 이야기입니다. 그러면 연역과정에서 '공인되지 않는 추론 원리'가 끼어들지 못하게 할 수 있습니다. 그렇게 수학은 형식이 되었습니다. 수학의 의미는 수학에 관해 말하는 이른바 상위수학meta-mathematics에서 다루기로 하면 됩니다. 힐베르트는 이런 방식으로 공리계를 형식화해 무모순성을 보장할 수 있을 거로 믿었습니다. 아울러 공리계의 완전성completeness, 즉, 참인 명제는 모두 증명된다는 성질도 보일 수 있으리라 기대했습니다.

◈

힐베르트의 야심찬 기획은 열매를 맺을 수 없었습니다. 쿠르트 괴델Kurt Gödel, 1906~1978이 1931년 '불완전성 정리'를 발표해 그게 가능한 일이 아님을 증명했기 때문입니다. 다음과 같습니다.

"수론 전체를 포함하는 포괄적인 공리계가 무모순이면, 그 안에는 참이지만 증명할 수 없는 명제가 존재한다. 즉, 모순이 없는 공리계는 불완전하다. 아울러 모순이 없는 공리계는 자신의 무모순성을 증명할 수 없다."

불완전성 정리엔 여러 오해가 따릅니다. 무모순성과 완전성을 갖춘 공리계가 존재하지 않는다는 오해가 대표적입니다. 괴델은 이미 1930년에 술어논리체계의 완전성을 증명한 바 있습니다. 불완전성 정리는 연산이 정의된 포괄적인 공리계에 해당하는 이야기입니다. 또 공리계의 추론 규칙을 통해 무모순성을 보일 수 없다고 해서 공리계가 모순적이라 주장하는 건 아닙니다. 실제로 산술체계의 무모순성은 공리계 외적인 논리로 증명할 수 있다 합니다. 다만, 힐베르트의 기획대로 수학적 추론을 형식적인 절차로 환원하는 방식으로는 모순이 없는 공리계의 무모순성을 증명할 수 없다는 뜻입니다.

괴델은 공리계의 모든 기호와 문장에 자연수를 일대일 대응*시켰습니다. 이른바 괴델 수입니다. 논리적인 관계를 숫자와 숫자의 관계로 바꾼 것입니다. "괴델 수가 *a*인 문장이 괴델 수가 *b*인 문장의 증명이다" 같은 주장에도 괴델 수를 붙일 수 있었습니다. 그리하여 놀랍게도 '수와 관련한 주장'이나 '그런 주장에 관한 주장'이 모두 자연수에 대응하게 되었습니다. 유형별로 층위를 달리해 자기 언급을 원천적으로 봉쇄하려던 러셀의 기획에 근본적인 한계가 있으리란 암시이기도 하였습니다.

괴델은 마침내 다음과 같은 문장을 공리계의 규칙에 따라 '합법적으로' 구성하기에 이릅니다. "이 문장은 증명할 수 없다." 거짓말쟁이의 역설과 비슷해 보이지만, 역설은 아닙니다. 이 문장이 거짓이라 한 게 아니라 그냥 증명할 수 없다고 했을 뿐이니 말입니다. 증명할 수 있어야만 하는 건 아니지 않겠습니까? 이번엔 괴델이 구성해낸 이 문장을 *G*라 하기로 하지요. 그럼 *G*를 증명할 수 있을까요? *G*의 내용이 "*G*를 증명할 수 없다"는 것이니, 증명이 가능하다면 *G*는 증명할 수 없다는 뜻이 됩니다. 서로 모순인 두 가지 결론이 *G*를 증명할 수 있다는 전제에서 나오고 말았습니다. 모순이 없는 공리계에선 생길 수 없는 일이지요. 따라서 *G*는 증명할 수 없습니다. 그런데 *G*를 증명할 수 없다는 건 *G*가 참이란 이야기입니다. *G*를 증명할 수 없다는 게 바로 *G*의 주장이기 때문입니다. 이렇게 해서 괴델은 공리계가 무모순

* 문제 A와 일대일 대응하는 문제 B가 있다고 생각해보지요. B가 A보다 풀기 쉽다면, 당연히 B를 풀어 A의 답을 찾을 것입니다. 수학뿐만 아니라 일상에서도 이런 일은 흔히 일어납니다. 또 종이에 사다리를 그려 여러 선택지 가운데 하나를 고르는 상황도 일대일 대응의 개념으로 설명할 수 있습니다. 사다리를 타면 왜 모두 각각 다른 선택을 하게 되는 걸까요? 여러 사람이 한 지점에서 만난다든가, 어느 한 곳이 아무에게도 선택되지 않을 가능성은 왜 없을까요? 일대일 함수의 합성함수도 일대일 함수이기 때문입니다.

이라는 가정 아래 참이지만 증명할 수 없는 정리를 만들어냈습니다. 모순이 없는 공리계의 불완전성은 그렇게 증명되었습니다. 나아가 괴델은 무모순성의 증명이 G의 증명으로 이어짐을 보여, 무모순성도 증명할 수 없다는 사실을 이끌어냅니다. G를 증명할 순 없으니 말입니다.

괴델의 불완전성 정리로 힐베르트의 원대한 기획은 실패로 돌아갔습니다. 러셀의 논리주의에 이어 힐베르트의 형식주의도 수학을 단단히 떠받치는 토대가 될 수는 없었지요. 사실 20세기 초에 있었던 이런 일은 20세기 중후반과 21세기를 사는 일선 수학자들에겐 그리 심각한 문제가 아닐지도 모릅니다. 실수 함수의 미분과 적분을 다루는 사람들이 실수 체계의 무모순성을 의심할 순 없지 않겠습니까. 형식주의니 불완전성 정리니 하는 것들은 수학이라기보다는 수학의 철학에 관한 이야기라 해야 하지 않을까요? 도대체 수학에 단단한 토대란 게 필요하긴 할까요? 그런 토대가 있다면, 그건 좋은 일일까요? 불완전성 정리를 증명한 괴델은 어떤 생각이었을까요? 이 정리에 담긴 뜻은 무엇일까요? 수학의 한계를 말한 걸까요? 아니면 수학의 지평을 넓힌 걸까요? 흥미로운 질문들이 꼬리에 꼬리를 물고 이어집니다. 이론물리학자인 로저 펜로즈는 심지어 괴델의 정리를 근거로 인간의 마음은 현재의 컴퓨터로 구현할 수 없다고 주장하기도 했습니다. 또 『괴델, 에셔, 바흐』를 쓴 더글러스 호프스태터는 생명이 없는 물질에서 의식이나 자아가 발생하는 피드백 고리의 단서를 괴델의 정리에서 찾기에 이릅니다. 무의미한 기호들의 나열에서 의미가 생성되는 과정을 그 피드백 고리에 견줄 수 있기 때문이랍니다. 인간의 의식에서부터 인공지능에 이르기까지 다양한 층위의 논의가 무궁무진하게 생길 수 있습니다. 수학적 논리의 세상으로 한정하더라도 여러 견해가 가능할 것입니다. 하지만 적어도 수학을 알고리즘 형태로 형식화할 수 없다는 점만큼은 분명해 보이는군요. 단일한 토대 위에 세우기엔 수학이 너무 큰 모양입니다. 실제로 괴델은 수학적 직관이나 실재가 모든 형식을 넘어서는 것이라 믿었다 합니다. 불완전성 정리는 자신의 믿음과 일치하는 결과였지요. 괴델은 플라톤주의자였습니다.

◈

수학사엔 많은 천재가 등장합니다. 그렇지만 수학이 천재들의 역사만은 아닙니다. 사실 수학만큼 누적적으로 발전해온 분야도 없습니다. 뉴턴과 라이프니츠가 17세기 후반에 만든 미분은 극한의 개념이 명확히 정의된 19세기 중엽에 이르러야 엄밀한 수학이 될 수 있었습니다. 150여 년이나 걸린 셈입니다. 그때까지 많은 수학자가 연속함수는 언제든 미분할 수 있다고 믿었다 합니다. 물론 미분할 수 없는 연속함수가 있다는 게 지금은 상식이지만 말입니다. 수학도 인간의 활동이지요.

수학은 사유방식이자, 모호하지 않게 구성된 정교한 언어입니다. 이를테면, 미분방정식은 변화하는 세상 만물을 기술합니다. 수학은 엄밀한 개념 정의, 정량적 사고와 추상적 사고, 그리고 논리적 추론을 가능하게 하는 강력한 사유체계입니다. 형식적 틀 안에 가둘 수 없는 열린 체계이기도 합니다. 또 수학은 서로 무관해 보이는 대상들이 공유하는 성질을 포착해 추상화합니다. 그래서 수학을 패턴의 과학이라 일컫는 이들도 있습니다. 수학은 자유롭고 유능한 시민으로 살아가는 데 필요한 덕목이기도 합니다. 수학적 지식의 결과를 기억하자는 주장이 아니라 수학적 사유방식과 태도를 익히자는 생각입니다. 정확한 문장으로 치밀하게 논리를 펴는 능력도 수학과 무관하지 않을 것입니다. 과정이 중요합니다. 삼각형 내각의 합이 180°라는 결과 자체는 별 의미가 없습니다. 똑같은 과정을 밟아도 전제가 다르면, 삼각형 내각의 합이 180°보다 클 수도 있고 작을 수도 있음은 이미 살펴본 바 있지 않습니까. 수학적 사유능력은 수학을 통해 연마할 수밖에 없습니다. 여기서 소개한 세 가지 증명은 수학 활동의 사례였습니다. 계산 위주의 작업을 기계적으로 반복하는 일은 안 하느니만 못합니다. 논리와 추론에 초점을 맞춰야 하지 않겠나 싶습니다.

수학은 지금까지 인간이 만들어낸 지식체계 가운데 가장 확실한 것입니다. 물론 완벽한 확실성은 수학에서도 실현 불가능한 이상일지 모릅니다. 위대한 수학자인 힐베르트는 풀 수 없는 문제란 없다고 봤습니다. 알아야 하는 건 언젠간 알 수 있다는 이야기지요. 그는 공리계의 완전성과 무모순성이 보장되는 형식적 틀을 구성할 수 있으리라 믿었습니다. 하지만 괴델은 힐베르트의 꿈이 실현될 수 없음을 증명했습니다. 이상을 추구해야, 그 한계도 대면할 수 있는 모양입니다. 정의로움과 공평함 같은 이상을 추구하는 사람들에게서 엿볼 수 있듯이 모든 이상엔 힘과 가치가 있습니다. 무한을 사유하며 엄정한 논리만을 따르는 수학은 그 밖의 다른 권위에 맹종하지 않습니다.

증명과 반증

조던 엘렌버그가 쓰고 김명남이 옮긴 『틀리지 않는 법: 수학적 사고의 힘』에 나오는 표현을 하나 소개해봅니다. 수학자들 사이에 상식처럼 전해지는 조언이라 합니다.

"낮에는 증명하려 하고, 밤에는 반증하려 하라!" 이를테면, 골드바흐의 추측을 증명하고 싶다면, 그게 거짓임을 보이려는 노력도 함께 해야 한다는 뜻입니다. 비단 수학자들에게만 필요한 조언은 아니라 여겼습니다. 주장하고 싶은 게 있으면, 그 주장이 틀렸을 가능성도 함께 고민하란 의미로 읽을 수 있을 테니 말입니다. 어찌 보면 당연한 이야기겠지요. 수학에 관한 책을 보며 성찰에 대해 생각해봅니다. 이래저래 밤은 성찰의 시간입니다.

2부

학교

이공계 교육과 치킨

공과대학에서 선생 노릇을 하고 있지만, 늘 교육을 생각하지는 않습니다. 좀 부끄러운 이야기지요. 대학은 여러모로 특이한 곳입니다. 학교 선생이 되려면 교육에 관해 미리 공부를 좀 해둬야 할 성싶은데, 대학만은 예외입니다. 대학교수가 되는 데 필요한 교직과목 같은 게 있다는 소리도 들어보질 못했습니다. 대학에 자리를 잡으려면 요즘은 그저 연구만 잘하면 됩니다.

신입생들이 대학에 들어오는 이른 봄이나, 4학년(이나 5학년) 학생들이 세상에 나갈 준비를 하는 늦가을엔 그나마 교육에 대해 좀 더 생각해보는 편입니다. 교수들에게 봄은 공세지만, 가을은 수세의 계절입니다. 봄엔 이런 식으로 말하지요. "공교육을 어떻게 하기에 애들이 미적분도 제대로 할 줄 모르나요." 가을엔 기업에 있는 사람들한테서 이런 얘기를 듣습니다. "어떻게 공대 나온 청년들이 현장에서 제대로 할 수 있는 일이 없나요? 대학에서 뭘 가르치는지 당최 모르겠습니다." 이런 불만들 사이엔 공통점이 있습니다. 이전 과정이 지금 '이곳'을 위한 '예비과정'으로서 제 몫을 다하지 못한다는 거지요.

이공계 교육에 관해서만 말하려 합니다. 학부 졸업생들은 대학원에 진학하기도 하고 기업에 가기도 합니다. 또 흔한 사례는 아니지만, 과학전문 기자가 되기도 하고 미디어 아티스트가 되기도 합니다. 이렇듯 여러 갈래 길이 있는데 학부가 하나의 선택지만을 위한 예비과정이 된다면, 그게 과연 옳은 일이라 할 수 있을는지요? 이른바 연구중심대학에서는 학부생을 예비 대학원생으로 보는 경향이 있습니다. 자연스레 교수들은 자신의 연구분야에 필요한 전공교과목을 학부에 되도록 많이 배치하고 싶어합니다. 대학원생이 곧바로 연구과제에 참여할 수 있기를 교수들이 바라기 때문이지요. 학부과정은 이런 식으로 대학원에 종속됩니다.•

공대생을 기업의 엔지니어가 될 사람으로만 여기면, 기업은 현장에 당장 투입할 수 있는 인재를 양성해 달라고 대학에 요구하게 됩니다. 그러면 대학은 보통 "예, 알았습니다" 합니다. 하지만 그리 대답하는 대신, 우리 졸업생들을 평생 데리고 있을 거냐고 되물어야 하지 않을까요? 청년들을 엔지니어로 좀 쓰다 내보낼 거면 그렇게 요구해선 안 된다고 하면서 말입니다. 취직을 쉽게 하는 것보다는 원하는 일을 오랫동안 행복하게 할 수 있는 게 더 중요할 테니까요. 아울러 멀리 보면, 기존의 도구를 부려쓰는 데만 익숙한 사람보다, 요긴한 도구를 손수 생각해서 만들어낼 줄 아는 엔지니어가 기업에도 더 보탬이 될 것입니다.

이제껏 대학은 정보와 도구를 차곡차곡 쌓아 학생들 보따리에 넣어주는 일을 해왔습니다. 졸업생들은 그 보따리를 들고 세상으로 나갑니다. 그리고 거기 담긴 내용물을 하나둘 꺼내 씁니다. 보따리는 언젠가 비워지겠지요. 그럼 다른 길을 모색해야 합니다. 이를테면 치킨집을 차린다든가…. 이게 바로 그 유명한 치킨집 수렴 공식입니다. 안타까운 공식이지요.

정보와 도구를 제공하는 방식의 교육에서 우린 이제 벗어나야 합니다. 거의 모든 정보가 인터넷에 널려 있는 21세기엔 더 그렇습니다. 중요한 건 지식창출 능력입니다. 구슬을 꿰어 보배를 만들듯, 정보를 체계적으로 모으고 가공하고 엮어서 지식을 구성하는 사유의 힘이 곧 지금 세상에 나갈 청년들한테 필요한 소양입니다. 물과 기름처럼 서로 섞이지 못하는 전공교육과 교양교육을 유기적으로 결합해야 하는 것도 그 때문입니다. 말과 글로 깔끔하게 소통하는 능력도 길러야 합니다. 과학과 수학은 결과만이 아니라 사유방식으로서 탐구해야 합니다. 그래야만 우리 학생들이 뛰어난 과학기술자로, 또 자유로운 시민으로 성장할 수 있을 것입니다.

—

- 공학교육학회 편집위원 간담회에 다녀온 적이 있습니다. 연구업적에 대한 획일적 평가가 교육을 왜곡한다고 말했습니다. 큰 대학일수록 교수들이 학부생을 잠재적 대학원생으로만 보는 경향이 있는데, 교과과정을 다양하게 구성하지 못하는 건 이 때문이기도 하지요. 대기업이 공대에 당장 써먹을 수 있는 인재를 배출해 달라고 요구하는 것에도 문제가 있습니다. 이런 요구에 대학이 지금처럼 순응만 해서는 안 되리라 여깁니다. 기업이 필요에 따라 스스로 해야 할 교육까지 대학에 맡겨서는 곤란하기 때문입니다. 간담회에 참석한 교수들이 학생 시절 받았던 (추격형 산업화를 위한) 공학교육이나, 저를 포함해 그 교수들이 지금 하는 공학 교육이나 본질적으로 다르지 않습니다. 놀라운 일입니다. 교양과목은 전공과목과 따로 떨어져 마치 버려진 과목처럼 돼 있기도 하지요. 글쓰기, 공학윤리, 공학기술의 역사적·사회적 측면 등을 다루는 교과목들을 전공과목들과 함께 학년별로 체계적으로 배치해, 교양과 전공이 따로 놀지 않도록 하면서 교과과정의 다양성을 키울 필요가 있을 듯합니다. 교수들이 이런 방향으로 나아갈 수 있을까요? 결국, 교수가 먼저 변해야 한다는 게 간담회의 결론이었습니다. 그런데 지금과 같은 평가 시스템에서는 사실 이게 말처럼 쉽지 않습니다. 모든 문제를 평가제도 탓으로 돌릴 수만은 없겠지만, 분명한 건 이걸 건드리지 않으면 안 된다는 사실입니다.

낯선 세상과 대학

봄학기가 시작하면 교정에 활기가 넘칩니다. 여기저기 눈에 띄는 신입생들은 "저 방금 입학했어요!"라 말하는 듯합니다. 나름 요리조리 솜씨를 부려봐도 아직은 고등학생 티를 채 벗지 못한 모습이지요. 대학 밖으로 나갈 일이 고민인 졸업생들에 견주면, 이제 막 대학 안으로 들어온 학생들은 걱정보단 기대가 앞섭니다. 3월의 교정이 아름다운 건, 곧 피어날 예쁜 꽃들 덕택이기도 하겠지만, 이 친구들의 밝은 표정과 희망 덕분이 아닐까 싶기도 합니다.

아버지가 되었을 때의 당혹감을 기억합니다. 아비 노릇이 처음이었기 때문입니다. 아이에게 세상이 낯선 만큼, 제겐 자식 키우는 게 생소했습니다. 아이가 뭔가에 호기심을 드러내거나 반응하면, 그냥 지켜봐야 할지, 아니면 끼어들어 방향을 잡아주는 편이 나을지 판단하기 어려웠습니다. 나무랄 일도 아닌 걸 굳이 못하게 하며 꾸짖은 적도 꽤 있었습니다. 그러다 고백했습니다. "야, 나도 아빠 노릇 처음 해보는 거라 솔직히 잘 모르겠다." 아이는 커서 이렇게 말했습니다. "그때 그 이야기가 가장 기억에 남아요."

신임 교수 시절에도 서투르긴 매한가지였습니다. 그래도 세월이 흐르면, 자식 많이 키워낸 부모처럼 노련한 선생이 될 수 있으리라 여겼습니다. "수업은 빠지지 마세요. 과제도 베끼지 말고 열심히 하고요. 지도교수도 정기적으로 찾아가고, 수업시간에 궁금한 게 있으면 부끄러워하지 말고 질문하세요. 동아리에도 들어가 되도록 다양한 체험을 하는 것도 좋아요. 방학 땐 여행도 해보세요. 너무 좁게 한쪽으로만 치우치지 말고, 관심 분야, 인접 분야, 중요 분야로 옮겨가며 폭넓은 독서를 할 필요도 있어요. 외국어 공부를 따로 하느니 원서 읽기에 도전해보면 어떨까요?…."

그동안 신입생들에게 해온 이야기입니다. 하지만 좀 공허합니다. 언제든 할 수 있는 조언이기 때문입니다. 해마다 만나는 학생들은 대략 비슷해 보여도, 그들이 딛고 서 있는 자리는 조금씩 바뀌어왔습니다. 그리고 그 변화가 켜켜이 쌓여 세상은 인제 과거와 많이 달라져 있습니다.

대학도 물론 변했습니다. 요즘 교수들은 예전보다 논문을 훨씬 더 많이 쓰지요. 문제는 변화의 방향과 내용입니다. 매우 바쁜 일상을 살지만, 선생들은 자신이 학생이었던 시절 받은 20세기 방식의 교육을 21세기의 청년들에게 거의 그대로 하고 있을지도 모릅니다. 교육 시스템은 어떨까요? 융합을 말하는 시대에 전공과 교양교육은 물과 기름처럼 따로 떨어져 있습니다. 이런 때일수록 기초를 튼튼하게 해야 한다는 주장도 들립니다. 공감합니다. 다만 과거 방식 그대로의 기초교육이라면 동의하기 어려울 듯합니다.

이 글이 〈한겨레〉 칼럼으로 온라인에 게시된 시점은 마침 알고리즘에 불과한 알파고가 바둑 천재인 이세돌 9단에게 도전장을 내밀어 첫 대결이 열리던 날입니다. 결과를 보고 쓸 시간이 없기도 했지만, 결과가 중요하다고 생각하진 않았습니다. 알파고가 거의 모든 지구인보다 바둑을 잘 두며, 또 점점 더 강해진다는 사실엔 변함이 없을 테니까요. 인간과 기계의 공존을 고민하며 미래를 모색해야 하는 시대가 된 것입니다.

3월의 대학에 활력을 몰고 온 신입생들한테 이제 무슨 말을 새로이 해줄 수 있을까요? 이런 질문을 앞에 둔 저의 지금 심정은 처음 아버지가 되었을 때와 별로 다르지 않습니다. 이렇게 고백할밖에요. "20세기에 학생이었던 교수들에겐 이 모든 상황이 너무도 낯설답니다." 무력한 이야기처럼 들리겠지만, 문제를 보지 못하거나 자기기만에 빠져 해법을 안다고 착각하는 것보단 이런 고백이 그래도 나으리라 여깁니다. 무지를 기꺼이 인정하는 일이야말로 문제를 과학적으로 해결하기 위한 첫걸음인 까닭입니다.

대화

오피스아워는 늘 철 지난 카페 같습니다. 제철에야 이따금 손님 발길이 닿는 그런 카페 말입니다. 여기서 제철이란 물론 시험 직전을 뜻합니다. 학생들이 옛날 시험 문제를 들고 찾아오기 때문입니다.

기출 문제는 사실 공개하지 않는 게 바람직하겠다 싶은데, 순전히 공정한 경쟁을 위해 학생들한테 나누어주고 있습니다. 이른바 족보를 확보한 일부 학생들에게만 유리한 시험이 되지 않도록 하기 위해서지요.

기출 문제의 정답은 제공하지 않고, 관련 질문도 미리 고민해본 흔적을 가지고 와야만 받는다고 했습니다. 그러니 "이거 어떻게 푸나요?" 같은 질문은 할 수 없지요. 증명을 해놓고 제대로 했는지 묻는 학생들은 꽤 됩니다. 자신이 없는 거지요. 이런 식의 대화가 오갑니다.

"이거 제대로 되었는지 봐주시면 좋겠습니다."

"어떤 부분이 이상한지요?"

"이 부분이 찝찝합니다."

"왜 찝찝한가요?"

"그냥 좀…."

"왜 찝찝한지 설명해줄 수 있나요?"

"아니요. 그게 … 설명은 잘 못 하겠습니다."

"막연한 두려움 대신 자신감을 가지면 어떨까요?"

"예."

이럴 때 저로선 친절히 하나하나 봐주고 싶은 욕망을 억눌러야 하기도 하지요. 모처럼 손님들이 찾기 시작한 카페의 풍경은 대략 이러했습니다.

21세기 교육과 20세기 학교

'공학수학'은 학부 2학년 전공필수 과목입니다. 복소수함수와 선형대수가 주제지요. 전기전자공학의 여러 영역에서 많이 쓰이는 수학입니다. 하지만 모든 학생이 복소수함수의 미적분이나 선형연산자를 잘 다뤄야만 하는 건 아닙니다. 이런 수학을 별로 사용하지 않는 분야도 없지는 않은데다, 과학기술 저술가나 기자가 되려는 청년들도 있을 수 있기 때문입니다. 복소수함수와 선형대수를 활용하지 않을 소수의 학생들에게 공학수학은 어떤 의미일까요?

수학은, 전제가 참이면 결론도 참일 수밖에 없는 연역 추론입니다. 과정이 결과에 우선하지요. 지금까지 존재해왔던 지식체계 가운데 가장 확실한 것이기도 합니다. 2보다 큰 짝수 가운데 두 소수의 합으로 나타낼 수 없는 수는 이제껏 아무도 발견하지 못했지만, 수학에선 그 이야기가 그저 추측일 뿐입니다. 증명되지 않았기 때문입니다. 미적분학도 극한의 개념이 명확히 정의된 뒤에야 비로소 엄밀한 수학이 될 수 있었습니다. 무려 150여 년이나 걸렸지요. 수학은 지식의 확실성이란 이상을 좇습니다. 추구하는 것만으로도 의미가 있는….

복소수함수와 선형대수를 가르치면서 저는 학생들에게 수학적 사유 과정을 강조합니다. 극한과 수렴의 의미 등을 따지며 익숙함과 앎을 구별하려 합니다. 모호하지 않은 언어를 논리적으로 구사하는 일도 중요하지요. 서로 다른 대상들이 공유하는 수학적 법칙을 눈여겨보고, 무관해 보였던 것들 사이에 성립하는 동일성을 탐구하기도 합니다. 겉으론 잘 드러나지 않는 관계를 파악해내는 게 공부의 힘이라 할 수 있지요. 이러한 '수학 활동'은 사실 (공학수학 과목의 결과물을 사용하지 않게 될) 소수를 위한 배려일 뿐만 아니라, 다수에게도 바람직한 방식이라 여깁니다. 늘 그래 왔지만, 특히 인공지능 시대엔 지식을 도구로 부리는 기술보단 지식을 창출하는 능력이 더 중요하기 때문입니다.

과학교육도 마찬가지입니다. 우주가 빅뱅 이후 가속팽창해 왔다든가 공간이 굽고 빛이 휜다든가 하는 건 그냥 신기한 이야기일 뿐입니다. 과학자들이 어떻게 그런 이론을 만들어냈는지 알지 못한다면 말입니다. 우주론과 신화를 구별할 방법도 마땅치 않겠고요. 전공이든 교양이든 과정 없이 주어지는 결론은 공허합니다. 세계 그 자체보다 그런 세계를 인간이 이해할 수 있다는 게 저는 더 놀랍습니다. 저희 학생들도 이런 경이로움을 함께 느낄 수 있으면 좋겠습니다.

2016년 9월 24일, 사단법인 '변화를 꿈꾸는 과학기술인 네트워크 ESC'가 어른이 실험실 탐험 행사를 열었습니다. 비전공자를 위한 과학활동 체험 프로그램이었습니다. '어른이'는 어린이같이 호기심이 가득한 어른들을 일컫는 표현이었지요. 참석자들은 대학의 발생학 실험실을 찾아가 초파리 이야기를 듣고 현미경으로 직접 관찰까지 해볼 수 있었습니다. 줄곧 신기한 표정을 짓던 물리학 교수는 이제 초파리의 암컷과 수컷을 구별할 수 있게 되었다며 어린아이처럼 활짝 웃더군요.

한데 정작 진짜 어린아이들은 호기심을 제대로 발휘해보지 못한 채 학원으로 내몰립니다. 학생들은 별 의미 없는 암기에 귀한 시간을 빼앗기며, 결과가 과정을 압도하는 온갖 시험에 대비합니다. 교육현장의 시계는 그렇게 20세기에 멈춰서 있습니다.• 개별 강의실의 변화를 넘어서는 개혁이 필요한 실정입니다. 여의치 않으면 학교 밖에서라도 대안적인 해법 찾기에 나서야 하지 않겠나 싶습니다.

—

• 공과대학 교육 시스템에 문제 많습니다. 누구보다도 제가 일상적으로 느끼고 있습니다. 〈조선일보〉는 2016년 4월부터 10월까지 "'made in Korea' 신화가 저문다"라는 제목의 연재물을 실었습니다. 서울대 공대와 함께 기획한 결과인데, 한국의 산업 경쟁력과 연구·개발 체계, 공학 교육의 한계를 잘 짚어주더군요. 2016년 10월 11일자 사설에선 연재를 마무리하며 공과대학의 문제를 다음과 같이 정리하기도 하였습니다. 강의가 이론 수업 일색이라 산업과 세상 돌아가는 현실에 맞춰지지 않았고, 교수 사회가 폐쇄적이어서 융합과 공동연구가 어려우며, 교수들이 학생 교육보다는 연구 논문 생산에 더 집중한다는 것이었습니다. 그리고 이렇게 고장 난 공과대학의 인재 양성 시스템이 한국 제조업의 경쟁력이 정

체된 이유라 하였습니다.

〈조선일보〉의 기획 의도엔 공감했지만, 사설엔 동의하기 어려운 점이 있었습니다. 대학은 단지 기업의 예비 과정이 아닙니다. 우리 학생들도 단순한 '인적 자원'이 아니고요. 공과대학 시스템이 고장 나 한국 제조업이 약해졌다고 그리 간단히 말할 수 있는지도 의문입니다.

교수 사회의 폐쇄성, 특정 대학 출신 교수 선호, 변하지 않는 커리큘럼 등이 공대만의 문제면 정말 좋겠습니다. 이런 상황은 사실 인문사회계열이 더 심각할지도 모릅니다. 공대는 그래도 낫다고 방어적으로 따지려는 게 아닙니다. 학문 분야의 성격, 새로운 시스템을 도입하며 설립된 카이스트와 포스텍의 존재 등, 구조적인 요인으로 설명할 수 있는 이야기입니다. 세계의 문제와 한국의 문제, 대학의 문제와 공대의 문제를 구별해 가며 정교하게 해법을 찾아야 하지 않겠나 싶습니다.

여전히 대학이 20세기에 머물러 있다는 인식엔 공감하지만, 제가 생각하는 혁신의 방향은 좀 다릅니다. 한국의 공학 교육이 이론 수업 일색이라는 문제는 이론 교과 과정이 옛날과 크게 다르지 않다는 데서 비롯된 것입니다. 실무 대신 이론을 강조하는 게 잘못은 아니지요. 실무는 계속 바뀝니다. 공학적 방법론과 학습능력을 키우는 방향으로 이론 교육을 혁신해야지, 현장 친화형 프로그램을 도입해 해결할 문제는 아니라 여깁니다. 물론 여건과 처지에 따라 현장 친화형 프로그램이 알맞은 해법인 대학도 있겠지만 말입니다.

덧붙여 말하자면, 공대 선생으로서 제겐 한국 제조업의 경쟁력을 높이는 일보다 우리 학생들이 세상에 나가 엔지니어로 행복하게 살 수 있도록 하는 게 더 중요합니다. (물론 이 두 가지가 서로 무관하지는 않겠습니다만….)

부끄러움은 왜 학생의 몫인가

이해충돌이 만연합니다. 부정한 청탁과 정당한 요청의 경계는 흐릿하고, 공사의 구별도 제대로 되지 않습니다. 그러니 이리저리 얽히고설킨 관계 속에서 주변 사람의 부탁을 거절하기란 쉽지 않은 일이지요. 청탁금지법(일명 김영란법)은 이런 세상에 살던 우리에게 거절의 근거를 마련해주었습니다.

해마다 가을 학기 중반쯤 되면 취직이 확정된 졸업예정자들의 조기 출근 문제로 골치 아파하는 교수들이 꽤 있습니다. 학기도 다 마무리하지 못한 학생들의 출근을 기업들이 강요할 땐, 개별 대학이나 교수에겐 별 뾰족한 대책이 없었습니다. 합격자를 다른 곳에 빼앗기지 않으려면 일찍 출근하도록 할 필요가 있다는 게 기업들의 주장이었고, 취업률을 높이려는 대학으로선 이를 묵인할 수밖에 없는 측면도 있었으니까요. 교수들은 또 제자의 앞길을 막는 셈이 될까 두려워 각자 나름의 방법으로 불출석을 용인해오기도 했습니다.

수업도 듣지 않고 학점을 달라고 요청하는 건 부정 청탁에 해당한다고 합니다. 졸업예정자들을 미리 데려가겠다는 기업의 요구도 마찬가지고요. 청탁금지법은 그런 요구를 거절할 법률적 근거입니다. 다행이다 싶었습니다. 그런데 일이 그리 풀리지 않을지도 모르겠습니다. 청탁금지법이 시행되기 이틀 전인 2016년 9월 26일, 교육부는 각 대학에 공문을 보내 학칙 개정을 권고했다 합니다. 조기 취업 대학생이 무사히 출근하며 학점을 딸 수 있게끔 배려하라는 뜻이지요. 그에 따라 이미 학칙 개정을 했거나 준비 중인 대학이 꽤 있다고 합니다. 교육부가 학칙 개정을 유일한 해결책으로 내놓은데다 대학들도 취업률 높이기 경쟁에 나서고 있어, 곧 더 많은 대학이 학칙을 바꿀 거로 예상됩니다.

조기 취업생을 배려하는 선의는 이해합니다. 하지만 선의가 늘 좋은 결과로 이어지진 않습니다. 게다가 원칙을 훼손해가며 방책을 찾으려 해서도 안 되겠지요. 학점을 다 따지도 않은 학생을 출근시키려는 기업에 그게 부당할 뿐 아니라 이젠 위법한 행위라 말해야 하지 않겠습니까? 그리하는 대신 제대로 출석하지 않아도 학점을 받을 수 있도록 길을 열어주는 게 과연 교육기관이 해야 할 일인지요? 교육부는 왜 그렇게 반대 방향으로 가려 하고, 대학은 또 어찌 그리 속절없이 교육부에 끌려다니는지요?

"부끄러움은 왜 학생의 몫인가?" 최순실 씨의 딸이 수업에 참여하지도 않고 학점을 챙기는 등 온갖 특혜를 받은 데 항의하며 이화여대 학생들이 교정에 내걸었던 현수막입니다. 학교도 학사관리에 명백한 문제가 있었음을 시인하지 않을 수 없었습니다. 대학이 이처럼 스스로 권위를 무너뜨린다면, 어쩌면 기업이 학생들을 미리 데려가겠다 해도 형식적 논리를 빼곤 할 얘기가 별로 없을지도 모를 일입니다. 모두가 부끄러웠지만, 학생들이 먼저 일어섰습니다. 교수들도 함께했습니다. 결국 총장 사퇴로 이어졌습니다. 학교 당국이 원칙을 훼손하고 잘못된 선택을 하면, 이렇게 구성원들이 직접 나설 밖에요. 다른 길은 없어 보입니다.

청탁금지법이 거절의 근거가 될 수 있는데도 학칙까지 바꿔가며 조기 출근 요구를 들어주려 하는 교육부와 대학이 안쓰럽습니다. 기업엔 대학의 학사일정을 존중해 달라고 거듭 부탁합니다. 더불어 우리 대학들도 존중받을 만한 교육과정과 학사관리 시스템을 운영하고 있는지 성찰해야 하리라 여깁니다. 마지막 강의까지 제대로 듣는 게 학생들의 미래에 보탬이 되는 일이라 자신 있게 말할 수 있어야 하지 않겠습니까. 대학교수로서 저도 책임감을 느낍니다. 부끄러움은 교수의 몫이어야 합니다.

하늘 밭에 뿌린 하얀 비행기의 꿈

1999년 9월, 서울대 원자핵공학과에서 대형 폭발사고가 있었습니다. 대학원생 세 명의 목숨을 앗아간 참혹한 사건이었지요. 5년 뒤 《한겨레21》은 대학의 실험실이 그사이 안전해졌는지를 취재했습니다(2004년 5월 27일 511호). 상황이 별로 나아지지 않았다는 게 결론이었습니다. 학교는 제대로 책임지려 하지 않았고, 시스템을 개선하려는 의지도 약했습니다. 학교 예산으로 보상하면 책임을 인정하는 셈이 된다는 이유로, 학교경영자배상책임보험에서 나온 보험금과 교직원들한테서 걷은 위로금으로 보상금을 지급했다고도 합니다.

실수를 통해 배우지 못하면 같은 잘못을 반복하게 됩니다. 2003년 5월, 이번엔 카이스트 항공우주공학과 풍동실험실에서 폭발사고가 발생합니다. 수소혼합가스 용기에서 가스가 새어나오면서 일어난 일이었습니다. 이 폭발로 박사과정 학생이었던 조정훈 씨가 숨지고, 강지훈 씨는 두 다리를 잃어야 했습니다.

카이스트 사고 이후, 연구실 안전환경 조성에 관한 법률이 제정되었습니다. 그에 따라 대학과 정부출연 연구기관은 연구자의 상해와 사망에 대비해 그들을 피보험자와 수익자로 하는 연구활동종사자 보험에 가입해야 합니다. 연구자의 정기 안전교육과 연구실 안전환경관리자의 전문교육도 의무입니다. 하지만 제도엔 허점이 많고, 연구실 문화는 과거와 크게 다르지 않습니다. 이런저런 사고가 끊이지 않는 게 여전한 현실이지요. 2010년 12월엔 호서대 방폭시험장에서 발생한 폭발로 소방방재학과 오규형 교수가 목숨을 잃고 다섯 명이 중경상을 입는 끔찍한 일이 생기기도 하였습니다.

2016년 3월 대전 한국화학연구원 실험실에선 학생연구생 한 명이 손가락 두 개가 잘리는 사고를 당했습니다. 화합물을 섞다가 유리 플라스크 속 화합물이 화학작용을 일으킨 결과였습니다. 한데 학교가 아니라 연구소에서 생긴 사건이었는데도, 피해자는 산업재해(산재)보험의 혜택을 받을 수 없을 거라 합니다. 학생 신분이라 그렇답니다. 연구활동종사자보험과 상해보험으로 치료비는 받을 수 있겠지만, 장애에 대한 보상은 어려운 상황입니다. 2014년 10월에도 한국에너지기술연구원 소속 학생연구생 등 세 명이 기업 견학 중 폭발사고를 겪은 바 있습니다. 이들 역시 산재보험의 보호를 받을 수 없었다 합니다.

대학원생이 연구과제에 참여하며 수행하는 작업은 연구원이 연구소에서 하는 일과 같습니다. 학생이라는 이유로 산재보험 대상이 될 수 없다는 건 합리적이지 않지요. 그런데 두뇌한국BK21플러스 사업에 참여하려는 대학원생들은 자신이 4대 보험에 가입돼 있지 않다는 사실을 확인해야 합니다. 전일제 대학원생임을 입증해야 하기 때문입니다. 역설적입니다. 학생들도 산재보험에 가입할 수 있도록 해야 할 것입니다. 개념적으로나 기술적으로나 불가능한 얘기가 아닙니다. 더불어민주당 문미옥 의원은 후보 시절인 2016년 4월 2일 '이공계 대학생과 함께하는 총선 정책토론회'에서 대학원생에게도 산재보험 등을 보장해야 한다고 말한 바 있습니다. 국민의당(현 바른미래당) 신용현 원내부대표도 2016년 5월 26일에 비슷한 취지로 제도개선을 추진하겠다고 밝혔습니다. 기대를 걸어봅니다.•

이 글은 공과대학 교수인 저의 반성문입니다. 1999년 서울대와 2003년 카이스트의 사고 소식에 충격을 받았으면서도, 학생들이 제대로 보호받지 못하는 현실을 눈여겨보지 못하고 있었습니다. '하늘 밭에 뿌린 하얀 비행기의 꿈'은 촉망받는 항공우주공학도였던 고 조정훈 씨를 추모하는 문집의 제목입니다. 안전한 환경에서 즐겁게 연구하는 게 더는 하늘 밭에 뿌려진 꿈이 아니라 이젠 현실이 되어야 합니다. 교수들의 몫입니다.

—

- 이 글이 〈한겨레〉에 실리고 두 달쯤 지난 뒤인 2016년 8월, 국민의당 오세정 의원은 대학원생의 산재보험 가입을 가능케 하는 산업재해보상보험법 개정안을 발의하였습니다. 이어 9월엔 같은 당 신용현 의원이 또 다른 개정안을 통해 과학기술 분야 정부출연연구기관의 학연협동과정 학생연구원들이 산재보험에 가입할 수 있도록 하자고 제안했습니다. 오세정 의원 안에선 모든 대학원생이, 신용현 의원 안에선 학생연구원만 산재보험에 가입할 수 있다는 게 차이점입니다. 2016년 11월에 있었던 국회 환경노동위원회 검토 보고서에 따르면, 오세정 의원과 신용현 의원 안의 보험료 부담은 각각 889억 원과 6억 6천만 원이 될 거라 합니다. 대상 대학원생 수를 105만 명과 4천 명으로 추산한 결과랍니다. 2년이 흐른 뒤인 2018년 8월 현재, 이 두 발의안은 여전히 계류 중입니다.

사과할 줄 모르는 대학

대학에서도 성폭력 사건이 일어납니다. 불행한 일입니다. 특히 교수가 가해자고 학생이 피해자일 땐 더 그렇습니다. 교육자임을 망각하고 저지른 권력형 폭력이기 때문입니다. 대학의 대응은 여전히 아쉬운 게 많습니다. 가해자로 지목된 교수가 사표를 내면 대학이 이를 바로 수리하기도 합니다. 사표가 수리되면, 인권센터나 성평등센터에서 진행하던 진상조사도 중단되지요. 상황은 대개 그렇게 끝이 납니다.

사표 수리도 물론 처벌입니다. 가해자가 대학의 교수 자리를 잃는 것이니 말입니다. 성추행 교수가 징계도 제대로 받지 않고 강의를 계속해온 과거의 사례에 견주면, 사표 수리 자체가 무거운 처벌이라 할 수도 있습니다. 반면에 사표 수리를 비판하는 사람들은 단순한 면직이 너무 약한 처벌이라 여깁니다. 이들은 해임이나 파면과 같은 강한 징계를 통해 가해자가 다시는 교단에 설 수 없도록 해야 한다고 주장합니다. 사표 수리가 적절한 처벌인지는 진상을 조사하고 규명한 뒤에야 판단할 수 있겠지요.

교수의 사표를 수리하지 않을 법적 근거가 없다는 논리도 있습니다. 하지만 사표 수리를 무한정 유예할 수 없다는 사실에서 사표를 당장 수리해야만 한다는 결론을 이끌어낼 수는 없습니다. 설령 사표 수리가 불가피했다 하더라도, 이어 진상조사까지 중단하는 건 이해하기 어렵습니다. 사표를 내고 떠난 사람이 학교의 진상조사에 협조하지 않아도, 사건이 발생한 학과의 구성원과 피해자를 대상으로 조사를 계속할 순 있을 테니까요. 의지의 문제입니다. 진상 규명의 목적은 단지 가해자를 징계하는 데 그치지 않습니다. 사건 발생의 구조적 요인 등을 파헤쳐 비슷한 일이 다시 생기지 않게 하는 게 더 중요합니다. 사표 수리가 진상조사의 중단으로 이어져선 안 되는 이유가 바로 여기 있습니다.

이 글은 저 자신을 포함해 대학에 남은 교수들한테 전하는 이야기입니다. 2005년 5월을 기억합니다. 이건희 삼성 회장의 명예 철학박사 학위 수여식이 있던 날인데, 일부 학생들이 그만 행사를 방해하고 말았습니다. 당시 고려대 총장은 바로 다음 날 이에 대해 깊이 사과했고, 처장단은 긴급회의를 열어 집단 사퇴서를 내기까지 했습니다. 교수의 성폭력은 2005년 5월의 사태보다 더 가슴 아픈 일입니다. 피해를 호소하며 학업을 포기한 학생도 있습니다. 자신이 믿고 따랐던 교수한테서 성추행을 당한 학생의 상처는 얼마나 깊고 크겠습니까? 그런데도 총장이나 학장이 사과를 했다는 이야기는 이제껏 들어보지 못했습니다.

이건희 회장에게 했던 사과를 성폭력 피해 학생에겐 왜 하지 못할까요? 물론 사안도 다르고 총장도 바뀌었습니다. 하지만 성폭력 사건이 총장이나 학장이 사과할 만한 일은 아니라 여기기 때문이라면, 그건 학교가 문제의 심각성을 제대로 인식하지 못하고 있다는 뜻일지도 모르겠습니다. 진상 규명과 재발 방지를 위한 대학의 노력이 왜 충분치 못했는지에 관한 설명 같기도 하고요. 지금은 좀 나아졌기를 바랍니다.

논문도 글이다!

12월이면 마지막 학기를 잘 마무리한 대학원생들이 학위논문을 제출하고 세상에 나갈 준비를 합니다. 학부생들이 주로 주어진 문제를 푼다면, 대학원생들은 자신이 해결해야 할 문제를 (지도교수의 도움을 받아가며) 스스로 정의해야 합니다. 의미가 있으면서도 해결이 가능한 문제를 찾는 일이 연구의 핵심요소지요. 이러한 과정을 거쳐 얻어낸 결과물을 논리적으로 재구성한 게 바로 학위논문입니다. 아울러 그 내용을 추려 학술지 논문으로 제출하기도 합니다.

논문 쓰기와 관련해 저는 대학원생들한테 늘 이렇게 말합니다. "논문도 글입니다!" 당연한 이야기를 왜 하나 싶지요? 하지만 이공계에선 이 논점이 그리 간단하지 않습니다. 텍스트보단 연구 결과가 더 중요하다는 인식도 꽤 있기 때문입니다. 자신이 과거에 비슷한 주제로 썼던 논문에서 서론의 일부를 그대로 가져오는 연구자도 있습니다. 그리해도 괜찮은 걸까요? 사실 이건 연구자 공동체에서 합의하기 나름입니다. 연구 주제에 관한 설명이 특별히 새로울 수 없다고 판단한다면, 자기의 과거 문장을 그대로 사용해도 괜찮지 않을까요?

그런데 저자 자신의 문장이라도 인용하지 않고 그대로 써선 안 된다는 게 학술지 편집인들의 일반적인 견해입니다. 그런 까닭에 서론의 텍스트가 중요하지 않다는 논리로 자기 자신의 과거 문장을 그대로 가져오면, 텍스트 표절자의 오명을 안게 될 수도 있습니다. 결국, 이공계 논문도 새로 써야 하는 글입니다. 설령 학술지 편집인이 서론 텍스트의 중복성에 개의치 않는다 하더라도, 저는 학생들에게 여전히 논문도 글이라 할 것입니다. 그게 교육적으로도 바람직한 일이라 여기기 때문입니다.

학생과 지도교수가 공저자로 학술지에 영어논문을 제출할 땐, 영어가 서툰 학생들의 초안을 고치느니 지도교수가 직접 쓰는 게 차라리 더 편할지도 모릅니다. 그런 경우에도 교수들은 학생들이 어떤 형태로든 글쓰기에 참여하도록 할 필요가 있습니다. 비록 최종본에 학생의 글이 별로 남아 있지 않게 된다 해도 말입니다. 자기가 쓴 초안이 어떻게 바뀌어 가는지 목격하는 일도 학생에겐 의미 있는 글쓰기 공부일 것입니다. 글은 쓴다기보다는 고치는 것이기도 하니까요.

논문의 내용이 표절이면 그건 부정행위입니다. 논문의 내용이 새로워도 다른 사람의 문장이 그대로 들어 있다면 그것도 잘못입니다. 자기 문장을 다시 사용해도 허물이 되긴 매한가지입니다. 물론 다른 사람의 연구 결과나 문장을 표절한 것과 똑같은 수준의 잘못이라 할 순 없겠지요. 그래서 저는 문장 재활용을 부적절한 행위 정도로 부르고 있습니다. 불성실한 글쓰기지요. 부정행위뿐만 아니라 부적절한 행위로도 논문은 철회될 수 있습니다. 2015년 가을, 어릴 적부터 영재로 알려져 주목받던 학생이 박사 논문 심사를 통과하지 못하는 사건이 일어났습니다. 파문이 일었지요. 어린 학생을 제대로 지도하지 못한 지도교수의 책임을 묻지 않을 수 없습니다. 어설픈 대학원 교육 시스템에 대한 성찰도 필요한 대목입니다. 논문도 글입니다.

◈

학자는 자신이 연구한 결과를 논문에 담아냅니다. 연구 수행과 논문 작성은 거인의 어깨 위에서 세상을 바라보는 일과도 같습니다. 벽돌쌓기에 견주면, 다른 연구자들이 쌓아놓은 수많은 벽돌 위에 자기 자신의 벽돌을 한두 장 얹는 셈이지요. 기존 벽돌과 새 벽돌 사이의 관계를 명확히 하는 게 바로 인용입니다. 인용은 표절을 하지 않기 위한 방책이라기보다는 좋은 논문을 쓰기 위한 필요조건이라 하는 편이 더 낫겠습니다.

논문과 대중적 글쓰기

논문 이야기를 할 때마다 학생들한테 분명하게 쓰라고 합니다. '~인 것 같다'는 '~이다'로 바꾸라는 식입니다. '~이다'라 할 수 없으면, 주장하지 않는 게 좋겠다는 거고요. 아울러 '크다'라 할 수 있으면, 굳이 '작지 않다'처럼 적지도 말라고 합니다. 이런 걸 저는 모호성 최소화의 원칙이라 부릅니다. 한데 대중적 소통을 위한 글쓰기는 좀 다르지 않을까 싶기도 합니다. 논리적 설득 못지않게 마음을 움직이는 일이 중요할 테니까요. 그래서 '~이다'라 할 수도 있지만 '~인 듯하다'처럼 쓰는 게 때로 더 효과적일 수도 있다고 생각합니다. 모호하게 써도 된다는 뜻은 물론 아닙니다.

공학자의 사회적 책임

과학학 연합학술대회에 다녀왔습니다. 2013년 9월의 일입니다. 과학철학회, 과학사학회, 과학기술학회가 함께 연 모임이었는데, 과학기술자의 사회적 책임이 주제의 한 축이었지요. 과학기술이라 했지만 주로 공학을 이야기하는 자리였고, 그래서였는지 제 마음이 좀 복잡해지기도 했습니다. 공학자의 사회적 책임은, 공학자로서, 또 공학교육자로서 저도 무겁게 성찰해야 할 문제라 여깁니다. 제가 연구윤리에 관한 특강을 할 때마다 사회적 책임에 관한 이야기를 빼놓지 않고 하는 것도 그 때문이지요. 동의하지 않는 사람도 있겠지만, 사회적 책임도 연구윤리의 주제 가운데 하나입니다. 다만, 표절 같은 연구 부정행위에 견주면, 다루기가 더 어려울 뿐이지요. 하지만 (과학기술과 과학기술자가 연구대상인) 과학기술학자들만이 모여 '과학기술자의 사회적 책임'을 논하는 자리는 한계가 있어 보였습니다. 우선 과학과 공학을 과학기술이라는 하나의 틀로 묶어서 따지는 게 얼마나 현실적인지 잘 모르겠더군요. 사실 제겐 어디부터 어디까지가 과학과 기술의 문제인지 명확하지 않았습니다. 과학기술자라는 단어를 사회과학자, 언론인, 법조인으로 바꿔도 마찬가지 이야기를 할 수 있다면, 그건 다른 층위의 문제라 해야겠지요.

공학자의 사회적 책임을 더 의미 있게 말하려면, 그 공학 분야에 대한 이해와 최소한의 존중이 필요하다는 느낌도 들었습니다. 좋은 세상을 숙고하는 학회 참가자들의 선의에는 충분히 공감했지만, 발표와 토론의 내용이 좀 공허하게 들리기도 했습니다. 과학기술자의 사회적 책임은 잘 설계된 제도만으로 풀 수 있는 문제가 아니라고 생각합니다. 과학과 공학, 그 유사성과 차이, 현장에서 묵묵히 일하는 과학자와 공학자, 이 모든 걸 좀 더 정확히 파악하려는 노력이 있어야 하지 않겠나 싶습니다. 아울러 과학기술자들은, 자기 분야의 역사에 관한 이해와 내적 전통에 대한 자긍심을 바탕으로, '사회적 책임'을 자신의 문제로 인식하고 성찰할 필요가 있어 보입니다. 너무 비현실적이고 순진한 견해일까요? 어느 세월에 그리하느냐는 비판도 가능하겠지만, 그렇게 해서 풀지 못하면 어쩌면 이건 어차피 해결할 수 없는 문제일지도 모릅니다. 더 빠른 지름길이 아예 없을 수도 있으니까요.

시민, 전문가, 정체성

"동성애는 치료받아야 할 질병이다." 어떤 의학자가 이렇게 말했다고 합니다. 이런 주장은 의학자의 과학적 견해일까요? 아니면 직업이 의학자인 시민의 개인적 의견일까요? 동성애와 관련한 정신의학적 논점을 이해하고 어떤 논리적 과정을 거쳐 그런 주장이 나왔는지 살펴봐야만, 판별이 가능할 것입니다.•

1973년 미국정신의학회는 동성애가 판단력, 안정성, 신뢰성, 직업 능력 등의 결함을 의미하지 않는다며, 동성애를 정신과 진단명에서 삭제하기로 하였습니다. 45년 전 일입니다. 일부 동성애 반대 단체가 논란을 이어가자, 2016년 3월엔 세계정신의학회가 다시 성명을 발표해 동성애가 질병이 아님을 거듭 밝히기도 하였습니다.

과학 지식은 보편적이지만, 동시에 잠정적이기도 합니다. 시간이 흘러 성과가 쌓이면 기존 이론이 수정되거나 심지어 폐기되기도 하지요. 동성애 질병설은 폐기된 지 오래입니다. 새로운 증거가 발견돼 다시 설득력을 얻게 될 논리적 가능성마저 배제할 순 없겠지만, 그런 사건은 일어나지 않았습니다. 그러니 동성애가 질병이라는 의학자의 발언은 과학적이라 할 수 없지요. 과학적 견해가 아니면 밝혀선 안 된다는 뜻이 아닙니다. 세상엔 과학 문제만 있는 게 아닐 테니까요. 과학적으로 검증되지 않았거나 검증될 수 없는 내용을 과학적인 이론인 양 주장하면 곤란하다는 이야기입니다.

의학자도 시민입니다. 동성애자에 관해 어떤 생각을 품든 그게 성소수자 차별의 근거만 되지 않는다면, 동료 시민으로서 제가 뭐라 할 순 없는 일인지도 모르겠습니다. 다만, 자신이 어떤 자격으로 그렇게 판단하는지는 스스로 분명히 정리할 필요가 있으리라 여깁니다. 자기 견해가 과학 공동체의 엄정한 검증을 거친 과학적 주장이 아니라 믿음의 산물이라면, 거기에 과학의 권위를 얹어선 안 될 테니 말입니다. 이처럼 시민적 정체성과 전문가적 정체성을 분리하는 문제는 사실 과학에만 국한되지 않습니다.

2017년 1월, JTBC 기자가 정유라 씨의 소재를 경찰에 알리고 체포 장면을 취재한 바 있습니다. 논란이 일었습니다. 기자가 개입해 상황을 바꾸고, 또 그렇게 해서 달라진 상황을 계속 취재했기 때문입니다. 체포 과정을 방송하려는 목적으로 기자가 경찰에게 연락했다는 비판은 아닙니다. 그는 시민적 양심에 따라 행동했으니까요. 다만, 그 과정에서 시민과 기자의 정체성이 서로 충돌할 수 있었다는 게 논점이었습니다.

훌륭한 방송사의 기자가 선의로 좋은 일을 했으니 괜찮다 할 수도 있겠지요. 그럼 극우 언론사의 기자가 수배 중인 해고 노동자를 뒤쫓다 자신의 신념에 따라 경찰에 알리는 경우는 어떤가요? 기자의 가치관이 판단의 기준일까요? 간단치 않습니다.•• 시민으로서 신고하고 기자로서 취재한 JTBC 기자의 선택이 정당했다 하더라도, 제기된 문제는 그 자체로 중요한 의미가 있겠다 싶습니다. (참고로 제가 JTBC 기자였어도 신고는 했을 것 같습니다. 다만, 그 이후의 영상을 방송해야 했는지는 잘 모르겠습니다.)

개인의 의견을 전문가적 견해처럼 전한 의학자와 시민적 양심에 따라 행동한 기자의 이야기는 언뜻 별 관련이 없어 보입니다. 하나는 부정적이고 다른 하나는 긍정적이기까지 하지요. 그렇지만 공통의 교훈도 제공합니다. 전문가적 정체성과 시민적 정체성의 분리를 통해 전문가들이 매 순간 스스로 어떤 자격으로 판단하고 행동하는지 인지할 필요가 있다는 점입니다. 성찰의 토대지요. 한국사회에 만연한 이해충돌의 문제에 대처하는 데도 보탬이 되리라 여깁니다.

—

• 같은 사람이라도 여러 정체성이 겹칩니다. 예를 들어 저는 시민이기도 하고, 교수이기도 하며, 과학기술인 단체 일을 하는 사람이기도 합니다. 제가 시민으로서 발언하며 교수나 단체 대표라는 타이틀을 사용하면, 이는 논리학에서 말하는 '권위에 호소하는 잘못'이라 할 수도 있습니다. 엄밀히 따지면 그럴 텐데, 한국사회에

서 워낙 만연한 일이라 문제라 여겨지지 않을 뿐이지요. 겹치는 정체성 가운데 상황에 맞는 하나를 분리해낼 필요가 왕왕 있습니다. (물론 여러 정체성이 동시에 작동하는 상황도 있겠고요.) 과학적 문제 앞에서 과학적으로 사고하는 과학자도 일상의 영역에서 늘 과학적으로 행동하진 않습니다. 그런 경우엔 자신이 과학자로서 그리하는 게 아님을 인식하면 되는 일입니다. 최악은 자신이 그런 경우에도 과학적으로 행동한다고 착각하는 것이겠고요.

—

●● 취재 중에 정유라가 사라질 가능성을 걱정해 경찰에게 연락한 것이 취재 윤리에 어긋나는 행위는 아니라는 의견이 일반적인 듯합니다. 이 분야가 낯설지만, 제가 상식적으로 생각해도 그럴 것 같습니다. 그런데 그다음 일은 제게 그리 명확하지 않습니다. 경찰이 오고 난 뒤, 즉 기자가 상황에 개입한 뒤의 (얼마 되지도 않는) 영상을 보도하지 않았다면 무슨 문제가 있었을까요? 저는 특별한 문제가 떠오르지 않습니다. 외려 기자가 취재 윤리에 지나치리만큼 엄격했다는 이야기를 듣지 않았을까요? 그리고 그게 방송사 평판에도 긍정적인 영향을 끼치지 않았을까요? 그런 추측을 해보았습니다.

너무 가혹한 잣대를 들이댄다고 서운해할 필요는 없지 않겠나 싶습니다. 질문하는 행위 자체가 의미 있는 일일 테니 말입니다. 좋은 언론을 더 좋게 만드는 건설적 비판이라 할 수도 있겠고요.

과학자의 주장과 동료 평가

2016년 12월, JTBC의 '이규연의 스포트라이트'는 〈세월X〉에 관해 이야기했습니다. 〈세월X〉는 자로가 만든 다큐멘터리 동영상입니다. 자로는 2012년 국정원 대선 개입 의혹의 결정적 증거를 찾아냈던 네티즌의 필명이고요. 〈세월X〉는 세월호의 침몰 원인으로 지목되었던 과적, 조타 실수, 고박 불량, 복원력 상실 문제를 다시 분석하고, 잠수함 충돌과 같은 외력 때문에 세월호가 침몰했을 거라는 견해를 제시했습니다. 그 과정에서 ㅇ대학 ㄱ교수가 이론적 근거를 제공했다 합니다. '이규연의 스포트라이트'는 자로와 ㄱ교수를 인터뷰한 내용과 그 주장을 방송해 많은 관심을 끌어냈습니다.

외력설의 타당성을 따지려는 건 아닙니다. 그건 제 능력 밖의 일일 뿐만 아니라 여기서의 논점도 아닙니다. 사회적으로 큰 논란이나 반향을 불러일으킬 수 있는 문제에 관한 과학적 주장은 어떻게 해야 좋을까요? 이게 제 고민입니다. 세상의 문제에 대해 시민은 자유롭게 발언할 수 있습니다. 그런데 과학자가 시민으로서가 아니라 전문가로서 새로운 과학적 주장을 편다면, 그건 상황이 좀 다르다 여깁니다. 과학자의 권위가 실리기 때문입니다. '권위에 호소하는 잘못'은 앞서 이미 언급한 바 있습니다. 그래서 저는 (자로가 아니라) ㄱ교수의 주장을 JTBC가 방송한 사실과 관련해 몇 가지 논점을 제기해보려 합니다.

과학적 주장은 일반적으로 동료 평가peer review를 거쳐 발표합니다. 논문을 학술지에 보내면 편집인이 이를 관련 분야 전문가에게 보내 심사하도록 하는 게 전형적인 동료 평가의 예입니다. 물론 동료 평가가 꼭 학술지 심사만을 뜻하진 않습니다. 그에 앞서 학술대회에서 연구 결과를 발표하거나 초고를 데이터베이스에 올리기도 하지요. 검증되지 않은 주장을 언론에 미리 알리는 건 바람직하지 않습니다.

ㄱ교수는 연구 결과를 학계에 정식으로 발표하지 않고 다큐멘터리로 제작한 이유에 대해 인터뷰에서 이렇게 전했습니다. "자로 님이 그 방식(다큐멘터리)을 택했다. 또 저는 이쪽 전공이 아니어서 어떤 경로를 통해 발표할지도 확실치 않았다. 세월호 침몰 원인의 미진한 부분을 추가로 밝혀내 학계에 보고할 계획도 갖고 있다." ㄱ교수도 자신의 연구 내용을 정리해 학계의 논의를 거칠 필요성은 인지했다는 뜻이겠지요. 외력설의 근거가 얼마나 단단한지는 검증이 필요한 부분인 듯하였습니다. 동료 평가 같은 검증 절차 없이 예민한 문제에 관한 새로운 견해를

바로 언론에 밝히는 게 바람직한 일인지 함께 고민해보면 좋겠습니다. 예외적 상황은 늘 있을 수 있겠지만 말입니다.

JTBC의 보도 방식에도 아쉬운 점이 있었습니다. 방송 전에 자체 검증을 좀 더 꼼꼼히 하면 어땠을까 싶어서요. 또 이규연 앵커가 ㄱ교수를 나노과학의 세계적 권위자로 소개한 부분도 불편했습니다. ㄱ교수가 나노과학의 세계적 권위자인지를 두고 의문을 제기하려는 건 아닙니다. 세월호 침몰의 원인이 나노과학적 문제가 아니란 의미입니다. 나노과학의 세계적 권위자란 표현에도 '권위에 호소하는 측면'이 있다고 봅니다.

저는 과학자들이 사회적 논점에 대해 더 적극적으로 발언할 필요가 있다고 여기는 편입니다. 다만 전문가의 자격으로 말할 땐 검증 가능한 방법으로 엄밀한 논증을 펼쳐야 한다고 생각합니다. 모든 절차를 학술 논문 심사 과정처럼 밟아야만 한다는 건 아닙니다. 인터넷에 검증 가능한 형태로 주장을 올리고 해당 분야 전문가는 물론이고 인접 분야 전문가나 일반 시민의 비평을 받도록 할 수도 있겠지요. 이런 걸 '열린 동료 평가'라 일컫기도 하는 모양입니다.

핵심은 검증 가능성입니다. 동료 평가는 전형적 방식일 뿐입니다. 특히 기존의 견해와 완전히 다른 결과이거나 사회적으로 큰 파문을 일으킬 수 있는 이야기일수록, 엄밀한 사전 검증의 필요성은 더 크다 하겠지요. 선의가 모든 걸 정당화하진 않습니다. 의도하지 않은 결과도 생길 수 있고요. 연구자는 자신이 확신한 바가 아니라 검증되었거나 검증 가능한 내용을 발표하는 게 원칙입니다.

◈

지금의 저보다도 젊은 나이에 제 아버지가 세상을 떠나셨습니다. 식도암 때문이었지요. 수술도 할 수 없는 상태였던 제 아버지는 집에서 삶을 정리하고 계셨습니다. 병원에서도 그리 권고하였습니다. 날마다 아침이면 아끼던 꽃나무에 다시 물을 주셨지요. 그러다 텔레비전 저녁 뉴스에서 말기 식도암까지 치료할 수 있는 방법이 개발되었다는 소식을 듣게 되었습니다. 당연히 저희는 뉴스에서 소개된 대형 병원을 찾았습니다. 그리고 제 아버지는 그 병원에서 고통스럽게 투병하다 세상을 떠나셨습니다. 그때 그 병원에서 제대로 검증되지 못한 치료법을 홍보 삼아 방송사에 전하지만 않았더라도, 그때 그 방송사에서 문제의 치료법이 제대로 검증된 바 없다는 사실만 확인했어도, 저희 아버지는 조금은 덜 고통스럽게 삶을 마감하실 수 있지 않았겠나 싶습니다. 당시의 경험은 제게 상처로 남아 있습니다. 검증되지 않았거나 검증이 거의 불가능한 주장을 과학적 견해인 양 언론에 알리는 건 위험한 일입니다.

이해충돌과 편향

장미전자의 주가가 곤두박질치기 시작했습니다. 백합전자의 스마트폰을 장미전자가 모방했다는 이야기 때문입니다. 하지만 고민해 박사는 이 두 회사의 스마트폰이 서로 다른 원리로 설계된 하드웨어라 여겼습니다. 장미전자의 주주이자 정직한 전자공학자인 그는 자신의 고정 칼럼에서 이 문제를 다루기로 하였습니다. 요컨대 이런 상황입니다. ① 고민해 박사는 장미전자 주식을 많이 가지고 있어 무단 복제 논란으로 경제적 피해를 볼 수 있다. ② 그는 자신이 윤리적인 공학자라서 경제적 이해관계를 떠나 객관적인 판단을 내릴 수 있다고 생각한다.

고민해 박사는 이 문제가 자신의 경제적 이익과 관련이 있다는 사실을 칼럼에서 밝혀야 하는지요? ①을 고려하면 그래야 할 것 같고, ②를 헤아리면 불필요한 논란을 불러일으키지 않게끔 그리하지 않는 게 좋을 듯싶습니다. 고민해 박사는 어찌해야 할까요? 저의 답은 '밝혀야 한다'입니다.

왜 그런지 따지기에 앞서, 다음 두 사람을 떠올려보지요. ㉠ "나는 객관적으로 판단하려 애를 쓰고 있고, 실제로 항상 객관적이다." ㉡ "나는 객관적으로 판단하려 애를 쓰지만, 나도 모르는 사이에 내가 편향될 수 있음을 인정한다." ㉠처럼 자기확신이 강한 사람을 먼저 신뢰할 수도 있겠지요. 하지만 ㉡과 같은 사람의 이야기에 저는 더욱 귀를 기울이게 됩니다. 자기도 모르게 편향될 수 있음을 인정하면서 그걸 경계하는 게 더 성찰적인 자세라 여기기 때문입니다. 의도하지 않은 편향은 예외라기보다는 일상에서 무의식적으로 늘 일어나는 일입니다.

스마트폰 복제 논란으로 돌아가 보지요. 고민해 박사는 장미전자가 백합전자 제품을 베끼지 않았다는 판단에 객관적으로 이르렀(다고 생각하)지만, 동시에 그 판단이 경제적 이해관계로 말미암아 무의식적으로 편향되었을 가능성도 함께 받아들여야 합니다. 그런 이유로 그는 자신이 장미전자의 주주라는 사실을 칼럼에서 밝힐 필요가 있습니다. 칼럼의 결론이 정말로 객관적인지는 독자의 몫이 될 터입니다.

이렇듯 (객관적 진리의 탐구와 같은) 1차적인 목적이 (개인의 경제적 이익과 같은) 2차적인 이해관계와 충돌하는 문제를 '이해충돌'이라 합니다. 국가대항 축구경기에서 제3국 사람한테 심판을 맡기듯 아예 피할 수 있는 이해충돌도 있지만, 그런 경우는 사실 흔치 않습니다. 세상이 너무 좁은 탓에 어떤 형태로

든 다양한 이해관계가 얽히고설키는 게 일반적이지요. 그러니 이해충돌의 존재 자체를 잘못이라 할 수는 없습니다. 중요한 건, 1차적인 목적이 훼손되지 않도록 이해충돌을 잘 관리하는 일입니다.

2015년 10월 8일자 '세상읽기'에 나온 김종엽 교수의 칼럼을 눈여겨봤습니다.* '표절과 자비의 원칙'이라는 제목의 글에서 그는 신경숙 작가와 창비를 비판하는 이들에게 이른바 '자비의 원칙'을 주문했습니다. 여러 논란을 떠나 제가 주목한 논점은 이해충돌이었습니다. 자신이 창비의 편집위원임을 김 교수가 밝히지 않았던 까닭입니다. 한국의 전문가 사회가 이해충돌에 둔감한 편이라 생각해왔기에, 이참에 좀 짚고 넘어가야겠다 싶었습니다. 그러다 〈허핑턴 포스트〉에 다시 실린 그의 글에선 글쓴이가 창비의 편집위원이라는 사실이 필자 프로필에 명기돼 있음을 알게 되었습니다. 김 교수도 이해충돌의 문제를 인지하고 있었다는 뜻이겠지요. 다만, '세상읽기'처럼 프로필이 따로 붙지 않는 지면의 경우엔 본문에서라도 이해관계를 밝히는 게 바람직하리라 여겼습니다. 의도하지 않은 편향의 가능성을 인정하고 '충돌할지도 모를 이해관계를 모두 공개하는 것'이 이해충돌을 관리하는 가장 합리적인 방법이기 때문입니다.**

—

• 이 글도 〈한겨레〉 '세상읽기'에 실린 것입니다. 그러니 김종엽 교수와는 '세상읽기'라는 지면을 공유하는 사이였지요. 직접 만난 적은 없지만, 저는 그의 독자였습니다. 동료라 할 수도 있는 분이기에, 실명을 거론하며 비판하는 건 저로서도 부담스러운 일이었습니다. 그래서 김종엽 교수에게 미리 이메일을 보내 이해충돌에 관한 이야기를 나누게 되었습니다. 그 덕분에 일부 표현을 다듬을 수 있었고요. 자기 자신에 대한 비판을 품위 있고 생산적인 토론으로 이어준 김종엽 교수께 고마움을 전합니다.

—

•• 연구실에 자녀를 데려다 두고 심지어 논문에 이름까지 올리는 일이 있었다 합니다. 이해충돌입니다. 대학의 실험실은 등록금 내는 학생들의 연구를 지도하는 공적 공간이지 자식을 교육하는 사적 공간이 아닙니다.

설령 이해충돌이 발생하지 않았다 해도 외부인에겐 이해충돌처럼 비치는 사례도 있습니다. 표면적 이해충돌apparent COI이라 일컫습니다. 연구자는 이런 경우에도 대비해야 합니다. 이해관계를 공표declare하는 등의 방법으로 말입니다. 이해충돌은 모양의 문제이기도 하지요. 모양이 나쁜 일은 하지 말아야 합니다. 이해충돌의 관리 원칙은 이러합니다.

1) 피할 수 있는 이해충돌은 피하라!
2) 피할 수 없는 이해충돌은 공표하는 방식으로 관리하라!

어린 자녀를 연구에 참여시키는 일은 피하는 게 좋겠습니다. 만약 자녀만이 할 수 있는 소임이 있어 논문에 이름을 올리게 되었다면, 각주에 이렇게 써야 할지도 모르겠습니다. "○○ 고등학교에 재학 중인 저자 △△△는 교신 저자 □□□의 딸(아들)임을 밝힙니다." 그런데 아무리 생각해봐도 이렇게까지 해야 할 상황은 없지 않겠나 싶습니다.

수평적 소통

대학 신입생 시절 읽은 고 리영희 선생의 사회 비평은 놀라웠습니다. 감았던 눈을 뜨고 새로운 세계를 보는 듯한 느낌이었지요. 그 시대의 많은 청년이 그러했듯 저는 선생을 존경하게 되었습니다. 하지만 더 크게 감동한 건 2006년 9월 리영희 선생이 절필 선언을 했을 때였습니다. 선생은 〈경향신문〉과 나눈 대화에서 이렇게 말했습니다.

"한 개인에게는 무한한 욕심과 집착을 버려야 할 시기가 있는데 그 시간이 온 것 같다. … 정신적·육체적 기능이 저하돼 지적 활동을 마감하려니 많은 생각이 든다. … 내가 산 시대가 지금 시대하고는 상황이 많이 다르고 내가 할 수 있는 한계가 왔다고 봤는데, 마침 그 한계와 지적 활동을 마감하는 시기가 일치해 하늘이 일종의 깨달음을 주는 걸로 생각하고 고맙게 받아들인다."

리영희 선생처럼 공개적인 지적 활동의 마무리를 멋지게 선언하겠다 다짐하는 분들이 없진 않을 것입니다. 특정 시점에 이르러 자신의 능력이 예전 같지 않음을 알게 된다면, 그리할 수 있겠지요. 한때 공깨나 차던 사람이 나이 들어 예전만큼 재빠르게 공을 다루지 못한다는 사실을 인정하듯 말입니다. 물론 책을 읽으며 세상을 분석하고 현실의 해법을 모색하는 일은 축구와는 좀 다릅니다. 시간이 흐르면 지혜와 경륜이 쌓이기도 하니까요.

지적인 작업은 두뇌의 활동이고, 두뇌는 육체의 일부입니다. 세월이 가면 두뇌도 노쇠해질밖에요. 다만, 자신의 능력이 예전 같지 않음을 알아채기가 축구보다 훨씬 더 어려울 뿐입니다. 과거에 훌륭한 삶을 산 지식인이 말년에 이르러 당혹스러운 주장으로 구설에 오르는 경우를 이따금 보게 됩니다. 안타까운 모습입니다. 자신의 한계를 인식하는 게 얼마나 힘든지를 엿볼 수 있는 대목이지요. 리영희 선생의 절필 선언은 아무나 할 수 있는 일이 아니었습니다. 선생이 훌륭하니 그대로 따르라고만 한다면, 보통 사람에겐 비현실적인 조언이겠지요. 마치 어설프게 쓰인 위인전처럼 별 도움이 되지 않을 것입니다.

문제는 권위주의입니다. 한국사회에선 '부적절한 권위에 호소하는 오류'가 일상적으로 일어나지요. 논리를 무시하며 직위나 나이로 자기 생각을 관철하려 드는 태도는 분명 옳지 않습니다. 하지만 직위나 나이를 앞세우려는 의도가 특별히 없더라도, 그런 게 논리보다 더 중요하게 작용하는 경우를 주변에서 꽤 찾아볼 수 있습니다. 그리되지 않도록 하려면, 토론이나 합의 과정에 참여한 사람들이 동등한 발언권을 갖고 평등하게 소통할 필요가 있습니다. 그럼 논리가 곧 권위일 수 있겠지요.

리영희 선생 같은 거인이 아니고선 자신의 지적 활동을 냉철히 성찰하며 스스로 그 한계를 인지하기 어렵습니다. 나이가 많다는 이유로 세상 문제에 관한 공적 발언을 삼가 달라 청할 수도 없는 일입니다. 결국, 최선은 논리적 소통 과정에서 논리 외적인 요소가 개입하지 않도록 하는 것입니다. 직함이나 나이와 무관한 호칭을 사용해봐도 좋겠습니다. 수평적 호칭은 몇몇 정보통신 기업을 필두로 이미 여러 곳에서 사용하고 있습니다. '변화를 꿈꾸는 과학기술인 네트워크ESC'도 회원들끼리 서로 이름에 '님'자를 붙여 부르고 있답니다.

권위주의적이지 않은 수평적 소통 문화는, 자신이 지적인 한계에 이르렀음을 현명하게 깨닫기에 더 좋은 환경입니다. 자유로운 토론이 가능할 테니까요. 물론 그동안 쌓은 지혜와 경륜이 진정한 권위로 힘을 발휘하기도 하겠지요. 어떤 경우든, 다 품격 있게 나이 드는 데 보탬이 되는 일이라 할 수 있을 것입니다.

부드러운 언어와 날카로운 논리

수학적 표현에 열광하거나 분노할 이들은 별로 없을 것입니다. 언어로서 수학은 건조합니다. 모호하지 않아 오해의 소지도 없습니다. 같은 단어를 다른 의미로 쓰지 않으며, 모두 동일한 추론 규칙을 사용하지요. 토론 과정에서 목소리를 높일 필요도 없고, 사람들끼리 상처를 주고받을 이유도 없습니다. 수학적 성과에 경외감을 느끼거나 그런 일을 성취한 수학자의 삶에 감동할 순 있겠지만, 수학적 논리 전개의 과정엔 지극히 건조한 단어와 문장이 등장할 뿐입니다. 화려하지도, 자극적이지도 않습니다. 단순한 구성 요소로 빚어내지만, 결과물은 아주 단단합니다. 아무도 그 논리를 부정할 수 없으니까요.

말 한마디로 천 냥 빚을 갚는다고도 하지만, 글로 빚은 원한이 만 년 간다는 이야기도 있습니다. '무슨 말을 하는가?'보다 '그 말을 어떻게 하는가?'에 저는 더 관심이 있습니다. 사람은 감성적 동물이기에 일상의 영역에선 논리 못지않게 감성적 소통도 중요하지요. 논리와 감성은 서로 무관하지 않습니다. 필요 이상으로 강한 표현이나 없어도 되는 문장 성분이 갈등과 오해의 소지가 되기도 하고요. 건조한 단어와 문장으로 수학적 추론을 이어가듯, 필수적인 요소만으로 군더더기 없는 논증을 펼치는 건 논리와 감성 양면에서 모두 바람직한 일이라 여깁니다.

사람들이 주고받는 말에 너무 날이 서 있습니다. 꼭 베일 것만 같습니다. 문재인 대통령 관련 호칭 문제나 《한겨레21》의 표지 사진을 둘러싼 논란에서도 그런 느낌이 들었습니다. 어떤 이는 오만했고, 어떤 이는 무모했으며, 충돌은 거칠었습니다. 소모적이었지요. 날카로운 논리를 설득력 있게 펴기 위해서라도 표현의 날은 무디게 해야 하지 않겠나 싶습니다. 달을 가리키는데 왜 손가락만 가지고 뭐라 하냐 따질 수도 있겠지만, 달을 잘 가리키는 일도 중요합니다. 손가락에 집중하느라 달을 보지 못한다면 억울하다 해야겠지요. 상대방이 야유와 경멸의 대상이 아니라 설득의 대상이라면 말입니다.•

부드러운 언어로 정중하게 수평적 소통을 할 수 있으면 좋겠습니다. 두루뭉술하게 하자는 게 아닙니다. 개념을 정확히 정의하며, 반드시 해야 할 이야기만 구체적으로 하자는 것입니다. 거칢과 마찬가지로 부드러움도 논리적으론 불필요한 요소 아니냐는 지적도 있을 수 있습니다. 하지만 거칢이 소모적 논란을 일으킬 수 있다면, 부드러움은 핵심 논점에 집중할 수 있게끔 도와줍니다. 주장을 함과 동시에 들을 준비가 돼 있음을 밝히는 의사표시가 되기도 할 테고요.

'문빠'라는 단어는 모호합니다. 문재인 대통령의 열정적 지지자를 가리킬 수도 있고, 별생각 없는 맹목적 지지자를 일컬을 수도 있습니다. 둘은 의미가 꽤 다릅니다. 맹목적 지지자라는 뜻이었다면 대상을 비하한 셈이겠고요. 어떤 판단으로든 설득이 목적이라면 쓸 이유가 없는 표현인 듯합니다. 또 〈한겨레〉를 '한걸레'라고 하는 순간, 촛불 시민의 곁을 줄곧 지켜왔던 〈한겨레〉는 청산의 대상으로 전락하는 셈이 되겠지요. 적어도 그건 아니지 않겠습니까? 새날을 꿈꾸며 같이 촛불을 들었던 사람들끼리 서로 너무 상처 주지 않으면 좋겠습니다. 〈한겨레〉도 더 겸손해지길 기대해봅니다.

세상은 아직 그대로고, 우린 이제 겨우 첫발을 내디뎠을 뿐입니다. 같은 방향을 바라보더라도 생각은 조금씩 다를 수밖에 없습니다. 차이는 발전의 소중한 동력입니다. 부드러운 언어로 치열하게 소통하며 함께 길을 만들어 가야 하겠지요. 우리가 현명하지 않으면 어찌될지 아무도 모르는 일입니다.

—

- 손가락으로 달을 가리키는데 달 대신 손가락을 보면 곤란하겠지요. 저도 이따금 그런 소리를 합니다. 그런데 또 어떨 땐 제대로 달을 가리키려면 손가락질을 잘해야 한다고도 말합니다. 저 나름의 논리적 일관성은 있습니다. 이렇습니다. 달이 중요하다는 건 듣는 이의 관점에서, 손가락이 중요하다는 건 말하는 이의 관점에서 하는 이야기입니다. 듣는 이로선 핵심 논점을 잘 찾는 일이, 말하는 이로선 듣는 이가 다른 데로 눈길을 돌리지 않도록 하는 일이 중요할 테니까요. 거친 표현은 마치 달을 제대로 보지 못하게 하는 손가락과도 같습니다. 부드러운 언어는 달로 잘 이끄는 손가락이라 할 수 있겠고요.

ㅅ대학의 가혹한 구상권 청구

2003년 9월 당시 ㅅ대학 약학대학 ㅈ교수팀은 제약회사 두 곳의 의뢰로 생물학적 동등성(생동성) 시험을 하기로 합니다. 재시험 없이 용역비를 받으며 추가적인 시험의뢰 계약을 맺고자 했던 ㅈ교수는 자신이 원했던 데이터를 얻지 못하자 연구원들에게 시험 결과를 조작하라고 지시합니다. 복제의약품의 생동성이 거짓 데이터를 바탕으로 인정되었던 것입니다.

시험 결과가 조작되었다는 사실이 곧 밝혀졌습니다. 2009년 5월 ㅈ교수는 징역 1년, 집행유예 2년의 유죄 판결을 받고, ㅈ교수의 지시에 따랐던 연구원(당시 대학원생)들에겐 무혐의 처분이 내려졌습니다. 형사소송이 끝나자 민사소송이 시작되었습니다. 해당 의약품에 대한 요양급여비용 지출로 손해를 입었다며 국민건강보험공단이 ㅅ대학와 ㅈ교수, 그리고 연구원 세명을 상대로 손해배상을 청구했기 때문입니다. 2015년 8월 민사재판은 이들의 공동책임을 물으며 39억여 원을 배상하라고 판결했습니다. 그사이에 ㅈ교수는 2014년 개인회생 절차를 밟았고, 이 글을 쓰던 시점인 2016년 8월엔 ㄱ대학에서 특임부총장을 맡고 있었습니다.

사용자의 지위로 배상금을 지급한 ㅅ대학은 바로 ㅈ교수와 연구원 세 명에 대해 구상권 청구 소송을 제기합니다. 2016년 3월에 1심이 마무리되었는데, 판결문엔 놀랍게도 연구원들에게 ㅈ교수와 공동으로 26억 원을 배상하라는 내용이 담겨 있습니다. ㅈ교수와 연구원들이(이를테면 9대 1의 비율도 아니고) 공동으로 해야 하는 배상입니다. ㅈ교수가 개인회생 절차를 밟아 채무변제 능력이 없는 거로 돼 있다는 점을 참작하면, 26억 원을 연구원 세 명이 상당 부분 떠안아야 할지도 모르는 상황입니다. 연구원들은 급여와 거주지 전월세 보증금을 가압류당한 상태에서 극심한 고통을 겪기에 이릅니다.

사실 ㅊ대에서도 비슷한 사건이 있었습니다. 생동성 시험 결과가 조작되었고, 민사재판에선 ㅊ대, 담당 교수, 그리고 대학원생의 책임을 물었습니다. 하지만 ㅊ대는 달랐습니다. 대학원생이 지도교수의 지시를 거부하기 어려운데다 시험 결과 조작으로 얻을 수 있는 이득이 없었다는 점을 헤아려 교수에게만 구상권을 청구하기로 했던 것입니다.

물론 ㅈ교수의 지시로 부정행위에 관여한 당시 대학원생들의 잘못도 없지는 않습니다. 모든 걸 구조나 환경 탓으로만 돌릴 순 없을 테니까요. 저라면 부정행위에 가담하지 않았을 거란 이야기가 아닙니다. 그런 처지의 대학원생이었다면, 어쩌면 저도 지도교수의 정당하지 않은 압력에 굴복했을지 모를 일입니다. 설령 그렇다 해도 데이터 조작 지시를 따른 게 잘못이라는 사실엔 변함이 없습니다. 힘 있는 자의 요구라도 부당하면 거부해야 옳지 않겠습니까?

하지만 대학원생이었던 연구원들의 잘못을 ㅈ교수와 견줄 순 없습니다. 구상권은 ㅈ교수에게만 청구했어야 합니다. ㅊ대가 그리했듯 말입니다. 형사와 민사재판을 겪으며 이미 충분히 고통받은 연구원들한테까지 구상권을 청구해 그들의 일상을 파괴하는 건 너무도 가혹한 처사입니다.

ㅅ대학은 교육기관입니다. 자신이 품고 키웠던 청년들에게 구상권을 청구하기보다는 교육의 책임을 다했는지 살피는 게 먼저 아닐까요? 연구윤리 교육은 적절히 했는지, 교수 뽑을 때 교육자적 자질은 제대로 따졌는지, 교수의 권력 남용이나 비교육적 행위로부터 학생들을 보호하고는 있는지, 어려운 처지의 학생들 이야기를 잘 듣고 도와줄 수 있는 시스템은 갖추고 있는지, 아니면 적어도 그런 고민이라도 하고는 있는지…. ㅅ대학의 성찰을 기대합니다. 당시 대학원생들한테까지 구상권을 청구해선 안 됩니다.•

—

- 이 글이 〈한겨레〉에 실리고 두 달쯤 지난 뒤인 2016년 10월, ㅅ대학이 구상권 청구소송 관련 강제집행 절차인 (가)압류 신청을 취하하고 구상권 행사를 중단했다는 소식이 전해졌습니다. 사태가 다행스러운 결말을 맺게 된 것이지요. ㅅ대학 약학대학 교수와 동문들이 애를 많이 썼다 합니다. 학교도 안팎의 문제 제기에 현명하게 대응했다 할 수 있겠고요. 해결은 되었지만, 기억해야 할 논점들이 있습니다. 이런 일이 다시 일어나지 않도록 하려면 대학은 어떤 준비를 해야 할까요? 또 교수가 부당한 요구를 할 때 대학원생들은 어떻게 대응해야 할까요?

대학 내 갑을 문제

브릭BRIC·생물학연구정보센터이라는 사이트가 있습니다. 황우석 박사 사건 당시 젊은 생명과학자들이 줄기세포 논문의 사진이 조작되었음을 밝힌 곳이기도 합니다. 2015년이 막 밝았을 때 어떤 대학원생이 브릭에 올린 글을 하나 읽게 되었습니다. 학위과정의 결과물을 논문으로 만들어 학술지에 제출했는데, 심사의 마지막 단계에서 지도교수가 연구에 전혀 참여하지 않았던 교수 두 사람을 공동저자로 올렸다는 내용입니다. 초고를 보낼 때 제1저자였던 대학원생의 이름은 뒤로 밀렸고요. 논문 작업을 주도했던 이 학생은 억울했습니다. 연구 실적이 필요한 교수들끼리 논문에 서로 이름을 끼워넣어 주는 건 명백한 잘못입니다.

이처럼 지도교수가 연구실을 운영하는 방식이나 자신을 대하는 태도에 심각한 문제가 있다 싶으면 대학원생은 어찌해야 할까요? 연구윤리 교과서에서는 지도교수를 찾아가 이야기를 나눠보라 권합니다. 약자인 대학원생이 다 체념하고 견뎌내야만 한다면 그건 정의롭지 못한 일이겠지요. 반면에 언론 등에 제보하는 건 최후의 방법입니다. 대화로 문제를 해결할 가능성이나, 대학원생이 상황을 객관적으로 이해하지 못했을 가능성도 없지는 않기 때문입니다.

하지만 현실은 교과서대로 돌아가지 않습니다. 많은 경우 위에서 말한 두 극단 가운데 하나가 선택되지요. 순응하며 연구실에 남거나, (드물지만) 내부제보자가 되어 연구실을 떠나거나. 어느 쪽이든 불행하기는 매한가지입니다. 지도교수와 대학원생 등 대학 구성원들 사이의 불화를 당사자에게만 맡겨선 안 되는 이유가 여기 있습니다. 게다가 갈등은 일상적입니다. 배후에 항상 악당이 있는 것도 아닙니다. 평범한 사람들이 서로 다른 데 서 있다는 사실만으로도 갈등은 생길 수 있습니다. 대학이 건강해지려면 이렇듯 늘 발생하는 갈등을 해소하거나 합리적으로 관리할 수 있어야 합니다. 그래서 필요한 게 옴부즈맨 제도입니다. 대학에 옴부즈맨이 있다면 다음과 같은 일도 가능해질 것입니다.

지도교수와의 갈등으로 힘들어하는 대학원생이 옴부즈맨을 찾아갑니다. 옴부즈맨은 학생의 이야기를 듣고 상황을 파악합니다. 그리고 해법을 모색합니다. 이를테면 학생이 다른 교수의 지도로 학위과정을 마무리할 수 있도록 조처할 수도 있을 것입니다. 문제가 오해에서 비롯됐다면 옴부즈맨은 이를 학생에게 객관적으로 잘 설명해 줄 수 있겠지요. 연구실의 갈등이 해소되면 결국은 지도교수도 수혜자가 됩니다.

미국은 1960년대 후반부터 옴부즈맨 제도를 도입하기 시작했습니다. 이젠 대학과 연구기관의 핵심 부서로 자리를 잡았지요. 의뢰인이 어려움을 호소하면, 옴부즈맨은 비밀을 지켜가며 이를 해결하려 합니다. 조사 결과로 말미암아 대학 총장이나 학장이 곤란하거나 난처한 처지에 놓인다 해도, 그 때문에 옴부즈맨이 불이익을 당하지는 않습니다. 학생들만 옴부즈맨에 의지하는 게 아닙니다. 교직원들도 불공정한 대우 등 다양한 이유로 옴부즈맨을 찾습니다.

학교 구성원, 특히 청년 학생들이 행복하게 공부하고 연구하는 대학의 모습을 상상해봅니다. 교수와 학생은 갑을관계가 아니라 사제지간입니다. 옴부즈맨은 대학에 있는 사람들 사이의 바람직한 관계를 위해 꼭 필요한 조력자입니다. 국내에서도 최근 카이스트와 포스텍이 옴부즈맨 제도를 운영하기 시작했다고 합니다. 하지만 제대로 정착되려면 아직 시간과 노력이 좀 더 필요하리라 여깁니다. 독립적이고 중립적인 옴부즈맨을 구성하는 건 쉽지 않은 일입니다. 대학 사회가 학연과 지연 등으로 얽히고설켜 있기 때문입니다. 그래서 우린 옴부즈맨 제도를 도입하기 위한 노력에 공을 더 들여야만 합니다.●

—

- 무엇보다 제도적 장치가 중요하다는 건 더 말할 나위도 없습니다. 특히 성폭력처럼 선과 악이 분명한 상황에선 개인들한테 맡길 일이 더욱 아니지요. 하지만 연구실에서는 특별히 악당이 활약하지 않더라도 온갖 일들이 벌어집니다. 교수나 학생이나 그냥 다 평범하고 괜찮은 사람들인데도 갈등이 생기는 거지요. 교수는 연구실에 기여를 많이 한 방장을 정당하게 대우한다고 생각하는데, 다른 학생들은 교수가 부당하게 방장을 우대한다고 판단할 수도 있습니다. 저자의 순서를 정할 때도 사람마다 생각이 다를 수 있지요. 별일 아닌 것 같은데, 호칭이 문제가 되기도 합니다. 학부 땐 후배였는데, 대학원에선 갑자기 선배가 되고, …. 그래서 필요한 게 연구실 구성원들 사이의 대화입니다. 연구실 구성원엔 교수도 포함됩니다. 연구실에서 하루하루 어떤 일이 일어나는지 교수가 잘 모를 수도 있습니다. 연구실의 철학과 운영원칙을 문서Lab philosophy에 담아 공유해보면 어떨까요? 교수와 학생을 갑을관계로만 보면 연구실 안에서 문제를 해결하려는 노력이 무망해 보입니다. 제도적 변화를 꾀하는 데 머무르지 않고 연구실 문화의 개선에도 관심을 기울이면 좋겠습니다.

원칙의 이해가 중요하다

어떤 연구실의 대학원생이 학술지에 논문을 보내려 합니다. 이때 지도교수가 자기 이름을 저자목록에서 빼자고 하는군요. 연구 과정에서 자신이 기여한 게 크지 않았다고 생각한 탓입니다. 그런데 교수는 이런 상황이 좀 불편합니다. 학생이 연구를 주도적으로 잘한 결과일 수도 있겠지만, 교수가 학생을 제대로 지도하지 못했다는 뜻일 수도 있기 때문입니다. 논문 지도와 저자 자격의 문제, 간단하지 않습니다.

2014년 7월 교육부가 연구윤리 관련 기준을 구체화하겠다고 했습니다. 교육부 장관 후보자의 청문회 과정을 지켜보고 나서 그리 판단한 모양입니다.* 부질없는 짓입니다. 시점도 부적절하고, 방향도 옳지 않습니다. 당시 장관 후보자가 청문회 과정에서 어려움을 겪은 건 연구윤리 지침이나 규정이 모호했던 탓이 아닙니다. 교육자로서 그는 흠이 너무도 컸습니다.

연구 환경의 변화에 맞춰 연구윤리 관련 지침을 개정할 필요는 물론 있습니다. 그런데 교육부가 하려는 일은 그런 수준을 넘어섭니다. 교육부는 현재의 지침이 너무 추상적이라 표절이나 중복게재 같은 '나쁜 짓을 적발'하는 데 별로 보탬이 되지 않는다고 여깁니다. 그래서 연구부정 행위가 있었는지를 기계적으로 가려내고 싶어합니다. 지침의 구체화를 통해서 말입니다. 하지만 그런 일은 가능하지 않습니다. 여섯 단어 이상이 연쇄적으로 나올 때 표절로 판정하기로 한다면, 다섯 단어가 겹칠 땐 뭐라 해야 할까요? 두 문장 이상을 인용 없이 사용하는 걸 표절이라 하기로 한다면, 한 문장씩 건너가며 사용하는 건 괜찮다는 뜻인가요? 이런 식의 구체화는 결코 해법이 될 수 없습니다. 교육부는 결국 헛심만 쓰게 될 것이고, 문제는 외려 더 복잡하고 어려워질 것입니다.

글머리에 들었던 예를 떠올리며 청문회 과정에서 논란이 되었던 쟁점을 하나만 살펴볼까 합니다. 학위논문 관련 내용이 학술지에 발표될 때 지도교수도 공동저자가 될 수 있을까요? 학위논문은 대학원생이 대학에 제출합니다. 그리고 학술지논문은 연구에 참여해 저자의 자격을 갖춘 사람들이 연구자 공동체에 보내는 글입니다. 써서 보내는 이와 받아서 읽는 이가 다른 만큼, 같은 연구 내용이 토대가 되었다 하더라도 학위논문과 학술지논문의 저자는 충분히 다를 수 있습니다. 학위논문을 지도하는 과정이 공동연구였다면, 지도교수도 학술지논문의 저자가 될 수 있습니다. 지도교수의 저자 자격은 학위논문을 지도하는 과정이 공동연구였는지 그 여부로 따지면 될

일입니다. 연구윤리 지침을 구체화해서 담아낼 수 있는 내용이 전혀 아닙니다.••

분야마다 원칙이 다르다 할 순 없습니다. 원칙이 적용되는 맥락이나 문화가 다를 뿐이겠지요. 학술지논문엔 그 연구에 기여해 저자 자격을 갖춘 사람들의 이름이 다 들어가는 게 원칙입니다. 학위논문을 지도하는 과정이 주로 공동연구인 분야에선 지도교수가 학술지논문의 공동저자인 게 자연스러운 모습입니다. 반면에 지도교수가 적극적으로 연구에 개입하지 않는 편이 대학원생의 성장에 더 보탬이 되는 분야에선 일반적으로 지도교수가 학술지논문의 공동저자로 등장하지 않을 것입니다. 이처럼 원칙은 명확하지만, 현실은 복잡다단합니다. 이런 걸 다 지침에 담을 수는 없습니다. 그리하려 하면 할수록 상황은 외려 더 나빠질 수도 있습니다. 연구윤리는 악당을 응징하기 위한 칼날이 아니라, 좋은 연구문화를 가꾸는 데 필요한 자양분이어야 합니다.

—

•• 연구자 공동체 안에서가 아니라 청문회 같은 공간에서 연구윤리가 논의되는 건 사실 가슴 아픈 일입니다. 연구 부정행위와 부적절 행위가 구별되지 않는 등, 이야기가 지나치게 거칠게 전개되기도 하지요. 학위논문에 나온 내용을 학술지에 투고할 때 지도교수의 이름이 들어가는 게 적절한지는 그렇게 간단한 문제가 아니라 여깁니다. 논란의 여지가 있는 것과 명백히 잘못된 것을 가려가며 사안을 정교하게 따질 필요가 있습니다.

—

●● 학위논문과 학술지논문, 그리고 연구보고서가 어떻게 다른지 다시 정리해보지요. ① 학위논문은 학생이 학교에 제출하는 것, ② 학술지논문은 연구에 참여해 저자의 자격을 갖춘 사람들이 연구자 사회에 제출하는 것, ③ 연구보고서는 연구책임자가 연구지원기관에 제출하는 것입니다. 앞서 말씀드린 대로 같은 연구 내용을 바탕으로 한 글이라 하더라도 학위논문과 학술지논문, 그리고 연구보고서의 저자는 다를 수 있습니다.

대학원생이 독립적인 연구를 할 수 있도록 돕기만 하고 교수가 학생의 연구엔 직접 참여하지 않는 분야에선, 학위논문이 학술지논문으로 출판될 때 지도교수가 저자가 될 순 없겠지요. 이에 반해 학위논문 지도 과정이 공동연구라면, 교수에게도 학술지논문의 저자 자격이 있습니다. 이공계가 대개 그렇습니다. 따라서 학술지논문에 지도교수의 이름이 들어가도 되는지는 논문 지도과정을 살펴봐야만 판단할 수 있는 문제입니다.

물론 똑같은 방식으로 학생을 지도한 교수들이 서로 다른 생각을 할 수도 있습니다. 연구에 얼마나 기여해야 저자 자격이 생기는지를 두고 판단이 다를 수도 있으니까요. 몇 해 전 저희 연구실의 박사과정 학생들이 학술지에 논문을 보낼 때, 제가 제 이름을 빼라고 한 적이 있습니다. 제가 기여한 바가 크지 않다고 봤던 탓입니다. 그런데 이게 만약 다른 연구실 이야기였다면, 어쩌면 저는 지도교수 이름이 들어가도 되는 상황이라 판단했을지도 모르겠습니다. 엄격함의 잣대가 대상에 따라 다를 수 있기 때문입니다. 지도교수의 이름을 논문에 넣을지도 기계적으로 결정할 문제가 아닙니다.

표절에 관하여

'논문도 글이다!'란 당연한 제목의 글에서 연구를 벽돌 쌓기에 견준 바 있습니다. 다른 연구자들이 쌓아놓은 수많은 벽돌 위에 자기 자신의 벽돌을 한두 장 얹은 게 논문이고, 기존 벽돌과 새 벽돌 사이의 관계를 명확히 하는 게 인용이라 했습니다. 그런데 인사청문회 때면 늘 국회에서 후보자의 논문과 관련해 거친 논란이 일더군요. 정리가 필요해 보입니다.

① 이미 누군가 해놓은 일을 자기가 처음 한 일인 양 이야기하는 건 명백한 잘못입니다. ② 이미 누군가 써놓은 문장을 그대로 가져다 쓰는 것도 잘못이지요. ①을 '내용 표절', ②를 '문장 표절'이라 하겠습니다. 물론 문장이 상당 부분 비슷하면 내용도 닮아갈 테니 내용과 문장을 엄격히 분리하긴 어려울 성싶습니다. 그러니 내용 표절과 구별해 문장 표절을 말할 땐, 내용에

독창성이 있음은 전제해야겠지요.

①과 ②가 다 잘못이지만, 그 정도는 다릅니다. ①은 예나 지금이나 연구 부정행위입니다. ②를 연구 부정행위라 해야 할지, 아니면 연구 부적절행위라 해야 할지는 표절된 문장의 규모나 중요성을 보고 따져야 할 사안이고요. 참고로 연구 부정행위보단 덜 심각한 잘못을 일컬어 연구 부적절행위라 합니다. ①은 ②보다 더 큰 허물입니다.

③ 자신이 이미 해놓은 일을 인용하지 않고 다시 발표하기도 합니다. '중복게재'입니다. 일반적으론 연구 부정행위지요. ④ 자신이 이미 써놓은 문장을 출처 표기 없이 그대로 사용하기도 합니다. '문장 재활용'입니다. 연구 부적절행위라 여깁니다. 자기 문장인데 왜 다시 활용하지 말라는 걸까요? 새 논문에선 문장도 새로 쓰는 게 바람직하다고 학자들이 생각하기 때문입니다. 아울러 학술논문의 저작권이 대부분 학술지에 양도되었기 때문이라 할 수도 있습니다.•

요컨대 내용 표절(①)은 예나 지금이나 연구 부정행위입니다. 문장 표절(②)은 과거엔 부적절행위 정도로 판단했지만, 지금은 좀 더 심각한 사안으로 보기도 합니다. 물론 독창적 주장이 담겨 있다면, 내용 표절만큼 큰 잘못은 아니라 해야겠지요. 중복게재(③)는 연구 부정행위입니다만, 상황에 따라선 허용되기도 합니다. 문장 재활용(④)은 이제 부적절행위로 받아들여지는 게 일반적이지만, 과거엔 별문제가 아니었지요.

시대에 따라 상황과 맥락이 바뀌고 그로 말미암아 판단이 조금씩 달라지기도 합니다. 하지만 기존 벽돌과 새 벽돌 사이의 관계를 명확히 해야 한다는 원칙엔 변함이 없습니다. 서울대 연구진실성위원회는 김상곤 교육부 장관의 1982년도 석사학위 논문과 1992년도 박사학위 논문에 연구 부적절행위가 있었다고 판정했습니다. 인용을 제대로 하지 못한 문제가 있었다는 것입니다. 더불어 학위를 취소할 정도의 연구 부정행위는 아니라 했습니다. 부적절행위도 잘못은 잘못입니다. 김상곤 장관의 성찰이 필요해 보입니다. 다만, 25년 전의 부적절행위를 두고 지금의 부정행위에 걸맞은 책임을 물으려 하는 게 바람직한지도 따져봐야 할 대목입니다. 연구윤리가 더는 청문회의 논점이 되지 않길 기대합니다.

내용 표절의 여부는 그 분야의 전문성이 있어야 판별할 수 있습니다. 내용을 모르고 시시비비를 가릴 순 없겠지요. 법률적 판단을 법원에 맡기듯, 연구윤리 관련 논점은 기관 연구진실성위원회에 맡기면 어떨까요. 연구진실성위원회의 판단을 받아들일 수 없으면, 재심을 청구하면 됩니다. 물론 신뢰의 문제가 있음을 모르지 않습니다. 학계도 성찰해야 하겠지요. 바람직한 연구윤리 문화의 정착을 방해하는 구조적 요인도 더불어 살펴보면 좋겠습니다.

—

- 하나의 사안이 늘 이렇게 넷 중 하나로 깔끔하게 분리되진 않겠습니다만, 문제의 복잡다기함을 헤아리는 데는 보탬이 되리라 여깁니다. 흔히 '아이디어 표절'과 '텍스트 표절'이란 표현을 사용하는데, 그 대신 저는 '내용 표절'과 '문장 표절'이라 해봤습니다. 단순히 영어를 한국어 단어로 바꾼 건 아니고요, 제가 전하려는 의미가 좀 더 분명해지도록 한 것입니다. 아이디어는 내용보다 의미가 가볍고, 텍스트는 문장보다 더 다양하게 해석될 수 있다고 생각했습니다. 학술 활동의 성격을 제대로 이해하지 못하는 국회의원들이 인사청문회장에서 거칠게 표절 논란을 벌이는 모습도 앞으론 목격하지 않게 되길 바랍니다.

연구윤리와 연구자 공동체, 그리고 사회적 책임

"이렇게 하면 표절인가요?"
"이건 중복게재에 해당하지 않나요?"
"이래도 괜찮은가요?"

연구윤리 관련 강의를 할 때면 이런 식의 질문을 많이 받습니다. 연구자들은 자신의 행위가 혹 잘못은 아닐지, 그게 걱정이지요. 저작재산권 같은 법률적 쟁점에 주목하면서 말입니다. 질문은 모든 문제의 출발점입니다. 그래서 좋은 질문으로 의미 있는 문제를 만드는 게 답 찾는 일보다 더 중요합니다. 연구윤리 이야기는 어떤 물음에서 시작되었을까요? 아니 어떤 질문을 하는 게 좋을까요?

연구윤리 하면 흔히들 표절이나 데이터 위변조 같은 부정행위를 떠올립니다. 연구윤리의 논점을 다루는 맥락이 대개 그러하기 때문입니다. 장관 후보자의 청문회 풍경이 연상되기도 하고, 제법 괜찮은 평가를 받던 학자가 논문과 관련해 구설에 오르는 장면이 겹치기도 합니다. 어떤 땐 연구윤리가 마치 저격의 도구가 된 듯한 느낌마저 들지요. 비난받아 마땅한 연구자들이 분명히 있지만, 논란의 여지가 있는 경우도 없지는 않습니다.

안타깝게도 연구윤리 이야기엔 대개 악당이 등장합니다. 연구윤리 문제가 황우석 사태와 함께 벼락같이 찾아온 것도 그 이유 가운데 하나겠지요. 악당 짓 하는 연구자를 찾아내 응징해서 그런 일이 더는 일어나지 않도록 하자는 데 적지 않은 이들이 공감합니다. 그런데 이게 최선일까요? 좀 오래되었지만 지금도 여전히 유효한 그림 하나를(〈그림 2〉) 살펴보기로 합니다.

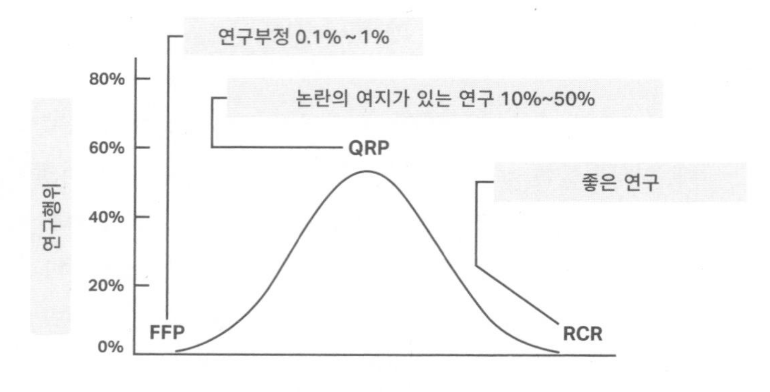

〈그림 2〉 "N.H. Steneck, What Do We Know? Two Decades of Research on Research Integrity, World Conference on Research Integrity, 2007" (이 그림은 김명호 작가가 다시 그린 것입니다.)

〈그림 2〉에서 FFP는 대표적인 연구 부정행위인 데이터 위변조Fabrication & Falsification와 표절Plagiarism을 뜻합니다. RCR은 책임 있는 연구Responsible Conduct of Research를 의미하고, 좋은 연구GRP, Good Research Practice라 할 수도 있지요. QRP는 논란의 여지가 있는 연구Questionable Research Practice를 말합니다. RCR은 가야 할 방향이고, FFP는 가장 부정적인 사례입니다.

한데 이 그림을 보면, 이 둘의 비중은 그리 크지 않고, 그사이에 아주 넓은 회색 지대가 있음을 알 수 있습니다. 회색 지대에서 벌어지는 일들은 논란의 여지가 있습니다. 그래서 QRP입니다. 딜레마 상황도 일상적으로 발생하지요. 연구윤리의 논점이 FFP에 머물면, 넓은 회색 지대의 쟁점을 놓칠 수밖에 없게 됩니다.

'기름방울 실험'으로 최소 전하량을 측정해 노벨상을 받은 밀리컨Robert A. Millikan, 1868~1953의 사례는 데이터의 합리적 선택과 부당한 변조 사이의 경계가 그리 분명하지 않음을 보여줍니다. 밀리컨은 논문에서 58개의 기름방울을 사용했다고 썼으나, 사실은 140개 이상의 기름방울을 관찰했다고 합니다. 밀리컨이 원하는 데이터가 아니라서 나머지 기름방울을 버린 것인지, 아니면 오랜 실험 경험을 통해 얻은 암묵적 지식을 바탕으로 선택하지 않은 것인지가 쟁점이었습니다. 이는 밀리컨의 이론이 옳은지 그른지와는 독립적인 논점입니다. 과학은 결과가 아니라 과정에 관한 이야기이기 때문이지요. 어쨌든 이 분야를 잘 모르는 저로서는 밀리컨이 140여 개의 데이터 가운데 58개만을 선택했다는 사실과 그 까닭을 논문에 적어주었으면 좋았겠다는 말만을 할 수 있을 뿐입니다.

개기일식 때 빛이 휘는 걸 관측해 아인슈타인의 일반상대성 이론을 검증한 에딩턴Arthur Stanley Eddington, 1882~1944*의 연구도 비슷한 이유로 구설에 오른 바 있습니다. 관측 자료들의 질이 떨어지며 브라질의 소브랄에서 얻은 데이터가 무시되었다는 비판이 있었던 탓입니다. 데이터의 선택이 합리적인지 아니면 부당한지 따지는 건 그리 간단하지 않지요. 그 분야의 전문가라 해도 말입니다. 본질적으론 연구자 공동체의 숙의가 필요한 문제입니다. 데이터의 수집과 처리, 그리고 기록과 관리 방법 등에 관해선 연구자 공동체의 폭넓은 합의가 있습니다. 다만 그 내용은 조금씩 바뀌어 갈 수밖에 없습니다. 과거엔 제본된 종이에 실험노트를 써야 했지만, 이젠 전자 연구노트를 클라우드에 쓰며 데이터를 공유하기도 합니다. 숙의와 합의는 한 차례로 끝나는 게 아니라 일상적으로 계속됩니다. 과학은 집단지성입니다.

악당(나쁜 연구자)이 활약하지 못하도록 하는 일은 물론 의미가 있습니다. 하지만 초점을 거기에만 맞추는 건 바람직하지도 않고 실효성도 크지 않을 법합니다. 표절이나 중복게재 관련 사건이 자주 기사화되지만, 그런 사례가 줄어들고 있는지는 잘 모르겠습니다. 표절로 확인된 논문으로 박사학위를 받은 국회의원이 공천을 다시 받는

* 케임브리지 천체연구소 소장이었던 에딩턴은 퀘이커교도로 양심적 병역거부자였습니다. 한데 천문학자인 프랭크 다이슨이 에딩턴을 수용소에 보내는 대신 개기일식의 관측 임무를 맡기자고 영국 정부에 제안했고, 영국 정부는 이 제안을 받아들였다 합니다. 20세기 초반의 일입니다.

경우까지 있었습니다. 나쁜 사람의 정의定義는 나쁜 짓을 하는 사람이겠지요. 초점을 악당에서 보통 연구자로, 논점을 '부정행위를 하지 말자!'에서 '좋은 연구를 하자!'로 옮겨야 하지 않겠나 싶습니다. 표절을 하지 말자고 하는 대신 인용을 잘하자고 해야 하지 않을까요. 기존 연구 결과와 새로운 성과 사이의 관계를 명확히 하는 게 바로 인용이니, 잘 쓴 논문엔 정확한 인용이 필수 요소일 수밖에 없습니다. 논문 작성과 관련한 논의를 이런 식으로 하면, 표절에 관한 논점은 자연스레 해소될 것입니다.

좋은 연구란 무엇일까요? 좋은 연구자가 되려면 어떻게 해야 할까요? 바람직한 연구실 문화는 어떤 모습일까요? 이런 질문이 연구윤리의 핵심 논점이어야 한다고 봅니다. 논의의 주체는 연구자 공동체입니다. 연구윤리 전문가가 판관의 위치에 따로 있는 게 아닙니다. 연구윤리를 개인의 도덕적 잘잘못만으로 환원할 수는 없습니다. 연구윤리는 구조의 문제고, 제도의 문제며, 문화의 문제입니다.

대학원생이 연구실에서 고통받는 게 지도교수가 꼭 악당이기 때문만은 아닙니다. 갈등을 조정하고 해소해줄 만한 제도적 장치가 없는 상태에선 단순히 서 있는 자리가 다를 뿐인 보통의 교수가 보통의 학생에게 상처를 주기도 하지요. 악당이 아닌 보통 교수가 결과적으로 가해자가 된다면, 그건 그 교수한테도 안타까운 일입니다. 다양한 연구 환경을 이해하는 사람들로 팀을 구성해, 갈등상태에 있는 구성원들을 중재하고 필요에 따라선 대학원생에게 지도교수 변경 등의 도움도 줄 수 있으면 좋겠습니다. 이런 시스템을 만들어 가는 건설적 과정이 필요합니다.

연구자의 사회적 책임도 중요한 논점입니다. 그런데도 연구윤리 문제의 일부로 별로 언급되지 않는 건 사회적 책임을 제대로 다루기가 어려운 탓이기도 합니다. 규범으로 강제할 수도 없고 기준도 모호합니다. 때론 행위보다 태도와 관련한 이야기일 수도 있지요. 사회적 책임의 강조가 중립적이고 객관적이어야 할 연구에 대한 부당한 압력으로 작용할지 모른다는 걱정도 있습니다. 하지만 전문 연구의 막대한 영향력, 의도하지 않은 결과의 가능성, 사회문화적 편향성, 연구자의 독점적 지위, 연구의 공공적 성격을 떠올리면, 연구자의 사회적 책임은 복잡하고 어렵다는 이유로 회피할 수만은 없는 논점입니다. 정답이 잘 떠오르지 않는다고 해서 고민을 멈출 순 없겠지요.

공대 교수로서 저는 학생들이 졸업 후 세상에 나가 공학자나 엔지니어로서 자긍심을 지니고 살아가길 바랍니다. 자신들이 세상을 좋게 만들 수 있는 소중한 존재라고 느끼면서 말입니다. 연구자로서 저도 제가 속한 공동체에 대해 자긍심이 더 생기길 기대합니다. 그러고 보니 제게 연구윤리는 이렇게 자긍심의 문제와 맞닿아 있습니다. 연구는 집단지성이기에, 좋은 연구는 좋은 연구자 공동체와 분리될 수 없습니다. 연구윤리는 부정행위자 응징을 위한 것이라기보다는 좋은 연구자 공동체를 건설하는 데 필요한 발판입니다. 그리고 그 과정에서 연구자의 사회적 책임은 피할 수 없는 논점이지요. 사회적 책임을 지지 않으려는 연구자들이 어떻게 좋은 연구를 말할 수 있겠습니까? 결국은 공동체 건설의 문제라 해야 할 것입니다.

3부

세상

먼저 시민이 되자!

"과학자이기 전에 먼저 인간이 돼라!" 2008년에 노벨 물리학상을 받은 마스카와 도시히데1940~에게 그의 스승인 사카타 쇼이치1911~1970가 남긴 말입니다. 사카타는 과학의 진보가 전쟁을 더 비참하게 만든 원인이기도 하였음을 성찰하며, 연구조직을 민주적으로 재건해야 한다고 생각했습니다. 사카타의 소립자 이론에 이끌려 나고야대학에 들어간 마스카와는 자유롭게 토론하는 연구실의 평등한 분위기에 깊은 인상을 받게 됩니다.

사카타는 물리 연구와 평화 운동의 가치가 같다며, 이 둘을 더불어 할 수 있어야 한다고 했습니다. 그 정신은 제자인 마스카와에게 그대로 이어집니다. 마스카와는 지금 〈헌법 9조〉를 지키려는 시민들과 함께하고 있습니다. '9조 과학자 모임'에 발기인으로 참여하기도 했지요. 전쟁 포기 선언을 담은 〈헌법 9조〉는 시민인 마스카와뿐 아니라 과학자인 마스카와에게도 잃어선 안 될 소중한 가치입니다. 전쟁할 수 없는 나라에선 과학자의 연구가 군사적으로 응용될 가능성도 줄어들 테니까요.

상황이 녹록진 않습니다. 과학은 갈수록 거대해지고 블랙박스화하여, 일반 시민은 물론이고 과학자들 스스로도 전모를 제대로 살피지 못한 채 소외되기에 이르렀습니다. 마스카와는 사카타의 가르침에 기댑니다. 인간이 아닌 과학자는 있을 수 없으므로, '인간이 돼라'는 사카타의 말은 '시민이 돼라'는 뜻이었겠지요. 마스카와가 보기에 과학자들은 좀 위험한 사람들입니다. 폐쇄적인 공간에서 연구할 때 가장 행복해하는 생물이기 때문이랍니다. 그 결과가 가져올 잠재적 위험을 누구보다 더 잘 알 수 있는 위치에 있으면서도, 연구에만 몰두한다는 것이지요. 과학자가 자신의 시민적 정체성을 인식하는 일은 그래서 중요합니다.

탈원전 문제를 시민과 전문가의 대립으로 몰고 가는 이들이 있습니다. '탈원전', '전문가', '시민'을 묶어서 검색해보니, '탈원전은 시민이 아니라 전문가에게 맡겨야 한다'는 식의 기사가 눈에 꽤 띄더군요. 안타까웠습니다. 그렇게 분리돼선 안 되리라 여겼던 까닭입니다. 탈원전엔 과학적, 공학적, 사회경제적, 윤리적 문제 등이 서로 복잡하게 얽혀 있어, 한 사람이 모든 문제의 전문가일 수도 없습니다. 게다가 원자핵발전 전문가와 탈핵 활동가 가운데 누가 원전 없는 세상을 더 많이 상상해왔는지 헤아리면, 탈원전의 전문성이 어느 쪽에 더 있는지 따지기도 그리 간단치만은 않습니다.

사카타와 마스카와처럼 과학기술자들이 우선 스스로 시민임을 인식해야 하지 않겠나 싶습니다. 그리하지 않으면, 전문성이라는 좁은 테두리 안으로 자신들의 시야를 가두게 될지도 모를 일입니다. 아울러 전문가 사회의 성찰도 필요해 보입니다. 4대강 사업과 관련해 자기반성의 목소리를 낸 토목공학자 단체가 있다는 소리는 들어보질 못했습니다. 탈원전 정책을 정부가 이끌면 안 된다 하는 원자핵공학자들 중에서 과거의 정부 주도 원전 정책을 비판한 이들이 있는지도 궁금합니다. 천안함 침몰 원인을 둘러싸고 논쟁적 상황이 전개되었을 때 그걸 해소하겠다고 나선 과학자 단체가 있었는지도 의문입니다.

전문가는 시민을 존중하고, 시민은 전문가를 신뢰할 수 있으면 좋겠습니다. 전문가 사회가 성찰하고 시민적 정체성을 인식한다면, 시민들은 전문가들의 견해를 바탕으로 합리적 판단을 내릴 수 있을 것입니다. 세상 문제는 복잡다기하여 보통은 유일한 정답이 존재하기 어렵겠지요. 여러 해법 가운데 하나를 시민들이 잘 선택할 수 있도록 돕는 게 전문가의 소임이라 여깁니다.

'승복'이란 말의 뜻

2004년 10월, 헌법재판소는 〈신행정수도 건설 특별법〉이 위헌이라 결정했습니다. 논란이 일었습니다. 헌법재판소가 용감하고 옳았다는 판단에서부터, 지나친 법치를 경계해야 한다거나 헌법재판소를 지금과 같이 구성하면 안 된다는 주장에 이르기까지…. 이제 와서 특정한 견해를 지지하고자 하는 건 물론 아닙니다. 어차피 모두 같은 생각을 할 수는 없는 게 사람 사는 세상이고, 또 그렇게 생각이 같지 않은 사람끼리도 서로 잘 어울려 살 수 있도록 하는 게 민주주의라는 체제가 존재하는 이유 아니겠습니까?

서로 대립하는 두 정책 가운데 하나가 투표 따위를 거쳐 51 대 49로 선택된 상황을 가정해봅니다. 그럼 선택되지 않은 정책을 지지한 49%는 자신의 생각을 바꿔야 하는지요? 생각의 전환을 강제하는 건 전체주의 사회에서나 가능하지, 민주주의 사회에서는 있을 수 없는 일이라 여깁니다. 다만, 이 경우 49%에겐 자신들이 원하지 않았던 정책이 선택된 현실을 기꺼이 받아들여야 할 책임이 있을 뿐입니다. 2002년 12월의 대통령 선거에서 이회창 후보를 지지한 이들은 아마도 계속해서 그가 더 나은 대통령감이라고 생각했을 것입니다. 그렇게 판단하는 데는 아무런 문제가 없습니다. 신행정수도 특별법이 논란의 중심에 있던 2004년, 이회창이 대통령이 되었으면 더 좋았을 법했다고 공개적으로 주장하는 사람들도 대통령이 노무현임을 받아들이는 게 바로 민주주의 아니겠습니까?

당시 한나라당(현 자유한국당)이나 주류 신문 등에서는 헌법재판소의 결정에 무조건 승복해야 한다는 소리를 많이들 했습니다. 우선 '승복'이란 말의 의미부터 명확하게 따져보기로 합니다. 만약 승복이 생각을 억지로 바꾸게 하는 거라면, 승복의 강요는 민주주의를 부정하는 셈이겠지요. 사상의 자유를 억압하는 일이니 위헌일 것입니다. 승복이 법적 효력의 인정을 뜻한다면 이런 승복은 당연할 테고, 그땐 승복하지 않는 게 잘못이라 할 수도 있겠습니다. 헌법재판소가 관습 헌법을 위헌 결정의 근거로 내세운 사실을 보고 놀란 사람이 적지 않았습니다. 〈성매매방지 특별법〉에 반대하는 이들이 성매매가 관습임을 내세우며 헌법소원을 낼 거라는 소문까지 들릴 정도로, 헌법재판소의 2004년 판정은 만만치 않은 파문을 일으켰습니다.

어떻게 해야 했을까요? 토론했어야지요. 같이 해결하려고 머리를 맞대야 했습니다. 결정에 무조건 승복하라는 요구는 특정 생각을 강요하는 '전체주의적 태도'에서 비롯된 것이었습니다. 승복이 법적 효력의 인정을 뜻한다면, 헌법재판소의 판단에 따라 행정수도 이전을 추진할 법적 근거가 없어진 마당에 승복하지 않을 방법이 또 어디 있었겠습니까? 이미 다들 승복한 셈이었지요. 그런데도 계속 승복을 말한 이들은 그럼 어떤 승복을 원했을까요? 생각을 강제로 바꾸는, 그런 승복 아니었을까요? 그렇다면 그건 민주주의를 위협하는 행위였습니다. 헌법재판소가 우리 사회에 던진 고민거리를 함께 논의해야 할 때에 승복이란 말을 써가며 토론 자체를 부정하고 말았지요. 헌법재판소 역시 당당하게 토론에 참여해야 했다고 봅니다. 헌법기관의 권위는 권위주의적 태도가 아니라 합리적인 사고와 설득력 있는 논리로 세워야 하지 않겠나 싶습니다.

학생들에게 논리적 사고를 가르치는 선생으로서 저는 2004년 헌법재판소의 판단에 동의할 수 없었습니다. 위헌이라는 결론에 반대한 게 아니라, 그 논거가 관습 헌법이라는 논증을 받아들일 수 없었던 것입니다. 결론이 아니라 과정이 문제입니다. 늘 그렇습니다.

수학 시험, 승복과 불복

공대에서 수학을 가르칠 때는 공식만 적용할 줄 알게 하면 된다고들 했습니다. 이젠 유통기한이 지난 이야기입니다. 인터넷에 거의 모든 정보가 있고 그걸 언제 어디서든 쉽게 가져올 수 있는 지금, 공식을 기억하는 수학은 비수학적입니다. 그래서 저는 수학적 (결과가 아니라) 과정에 초점을 맞춥니다. "우리는 수학과 학생이 아니에요!"라고 외치는 일부 학생의 아픔(?)을 뒤로하고 주로 증명 문제를 시험에 내는 것도 바로 이렇게 과정을 중요하게 여기는 교육철학 때문입니다. 답이 맞아도 과정이 바르지 않으면 매정하게 점수를 크게 깎습니다. 반면 잘못된 답이 나와도 과정이 올바르면 감점을 거의 하지 않습니다. 강의시간에도 거듭 강조합니다. "중요한 건 과정이지 결과가 아닙니다. 지식 생산 능력도 과정에 집중해야 기를 수 있습니다." 이번에도 예외 없이 증명 문제를 많이 냈습니다. 물론 이 사실은 시험을 앞둔 학생들한테 아무런 의미가 없는 정보입니다. 이른바 기출 문제가 다 공개된데다 출제 방식이 늘 똑같기 때문입니다.

학생들을 만나며 이렇게 과정을 강조하는 제가 '복종'이니 '승복'이니 하는 표현을 불편하게 여기는 건 어찌 보면 당연한 일입니다. 이를테면 2004년 〈신행정수도 건설 특별법〉이 위헌으로 판정됐을 때, 헌법재판소에서 관습 헌법을 그 근거로 제시했던 건 충격적인 사건이었습니다. 행정수도 이전에 반대하는 사람이라도 관습 헌법을 근거로 들어 특별법이 위헌이라고 말하는 데에는 아마 동의하기 어려웠을 겁니다. 사람들이 그 논리에 문제를 제기할밖에요. 하지만 앞에서 전한 바 있듯이 당시 한나라당이나 주류 신문에선 이미 끝난 사안이니 더 따지지 말고 그냥 승복하라 했습니다.

그리고 또 떠오르는 건 천안함 사건입니다. 합동조사단 보고서에 이해가 잘 안 되는 부분이 있어 질문 좀 하려 했더니, 묻지 말고 결과를 받아들이라 합니다. 그래도 계속 질문하려 하면 종북이냐며 몰아붙입니다. 과학자들이 내린 결론이니 질문하지 말라 하는 건, 동그란 네모나 네모난 동그라미 같은 이야기입니다. 과학의 핵심은 질문하는 데 있기 때문입니다.•

국정원의 2012년 대선 불법 개입에 문제를 제기했을 땐 대선 결과에 복종하라는 소리가 들렸습니다. 과정의 부당함을 말하는데, 결과에 복종하라고 합니다. 과정의 부당함은 설령 그게 결과를 바꿀 정도의 영향을 주진 않았다 하더라도, 말 그대로 옳지 않은 일입니다. 복종과 승복을 강요하는 폭력적 문화 속에서, 제가 학생들한테 강조하는 것과는 정반대로 결과가 과정에 우선하는 한국의 현실을 거듭 목격하게 됩니다.

복종을 요구하는 건 폭력입니다. 거부합니다.

—

• 국론통일은 전체주의 사회에서나 가능한 일입니다. 국론이란 건 아예 없거나, 있더라도 분열되는 게 정상이겠지요. (물론 자유나 인권, 복지 같은 보편적 개념은 전제하고 말입니다.) 민주주의라는 제도가 존재하는 이유는 사람들의 생각이 저마다 다르다는 데 있을 것입니다. 생각이 다른 사람들끼리 잘 소통하고 합의할 수 있는 사회문화적 시스템을 어떻게 만들어 가야 할지 고민해야 할 때에, 국론통일을 말하는 것만큼 퇴행적인 일이 또 어디 있겠습니까. 과학은 결과가 아니라 과정에 관한 개념입니다. 합리적 의심은 과학적 사고의 본성이고요. 그러니, 이를테면, '천안함 사고의 원인은 과학적으로 이미 밝혀졌으니, 더는 질문하지 마시오'라 한다면, 그건 비과학적인 태도입니다. 또 국정원의 도움을 받은 바 없다며, 국정원 얘기는 더 하지 말라는 투로 일관하는 박근혜 당시 대통령의 모습도 이와 마찬가지일 것입니다. 설사 국정원의 정치 개입이 선거 결과에 영향을 끼치지 못했다 하더라도, 과정의 부당함은 그 자체로 민주주의의 토대를 훼손하는, 심각한 문제입니다. 다른 생각을 이단으로 여기거나 의심과 질문을 억압하는 곳에선 과학적 사고의 싹이 틀 수 없겠지요. 그런 반反과학적 세상의 미래는 상상하고 싶지 않습니다.

데이터와 정치, 그리고 과학

2012년 미국 대통령 선거 당시 오바마 캠프엔 200명이 넘는 소프트웨어 엔지니어와 데이터 과학자가 있었습니다. 1000여 명의 정규직 가운데 말입니다. 중요한 자리는 젊은 사람들 몫이었습니다. 최고기술책임자인 하퍼 리드는 서른세 살이었고, 최고분석책임자인 댄 와그너는 스물아홉 살이었습니다. 최고디지털전략책임자인 조 로스파스는 서른한 살이었고, 2008년 대선 때 오바마 캠프의 젊은 인턴이었던 테디 고프는 디지털디렉터가 되어 디지털팀의 실제 운영을 맡았다 합니다. 캠프에서는 또 이메일의 내용과 페이스북·트위터의 텍스트를 분석하기 위해 입자물리학자인 미켈란젤로 디아고스티노 박사와 파키스탄 유학생 출신인 라이드 가니를 영입하기도 하였습니다.

이들은 클라우드와 오픈소스를 바탕으로 빅데이터와 마이크로리

스닝Micro-Listening 기법을 활용해 무려 2억 명의 유권자 정보를 모아 분석했습니다. 한 사람당 많게는 1000개의 정보가 있었다고 합니다. 이 정도면 유권자 한 사람 한 사람의 목소리를 들으려 했던 셈이지요. 오바마 캠프에선 그렇게 정보기술을 이용해 개인 맞춤형 선거전략을 폈던 것입니다. 그 무렵 한국의 여당(당시 새누리당) 주변에선 원시적으로 댓글이나 달고들 있었고 야당은 무기력하기 짝이 없었습니다.

이 글을 쓰던 시점인 2015년 5월은 세월호 참사가 일어나고 1년이 조금 더 흐른 뒤였습니다. 한국 정치는 여전히 어둠 속에 있었습니다. 2014년 말에 제정된 세월호특별법은 그 즈음에야 시행령이 마련돼 일부 수정을 거쳐 5월 6일 국무회의를 통과했습니다. 하지만 그 내용은 특별조사위원회 이석태 위원장이 농성까지 하며 전면 철회를 주장한 원안과 별로 다르지 않습니다. 진상조사를 원하는 유족들은 물론이고, 야당과 시민단체도 반발하고 있습니다. 재보선 직전에 나온 성완종 리스트는 한국 정치의 부끄러운 민낯을 그대로 드러낸 바 있습니다. 그런데도 당시 야당인 새정치민주연합(현 더불어민주당)은 2015년 재보선에서 또 지고 말았습니다. 심지어 (수사 결과가 나온 건 아니지만) 뇌물이 얽힌 불법적인 사건과 (설령 바람직하지 않다 하더라도) 합법적인 사면을 섞어버리는 새누리당(현 자유한국당)의 비논리적인 공세에도 속절없이 말려들고 말았습니다.

"야당이 멍청했기 때문이다. 국민 탓하지 말자!" "이런 국민을 누가 두려워하겠는가? 국민이 변해야 한다." 재보선 결과가 나오고 나서 박근혜 정부와 여당에 비판적인 사람들이 하던 이야기입니다. 둘 다 맞습니다. 이른바 '국민의 실상'을 제대로 헤아리지도 못한 채 선거에 임하고 정권을 되찾으려 한다면, 그런 야당은 멍청하다 할밖에요. 정부·여당이나 야당, 그리고 국민의 수준은 비슷할 수밖에 없을 것입니다. 야당이 바르고 똑똑해져야 합니다. 그럼 여당도 현명해질 것입니다. 그리되지 않으면 정권이 바뀌겠지요. 어느 쪽이든 한국 정치의 발전과 국민의 삶에 긍정적인 일이 되리라 여깁니다.

미국 시스템을 그대로 가져올 순 없겠지만, 참고는 할 수 있지 않겠나 싶습니다. 당시 야당인 새정치민주연합에게 전하는 저의 제안은 다음과 같았습니다.

"경험과 직관에만 의존해 몇 덩어리의 추상적인 대중을 상대하는 대신, 개개인이 하는 구체적인 이야기를 듣고 데이터화하십시오. 정권심판이라는 표현이 와닿지 않는 사람한테 정권을 심판해 달라고 요구한다면 그건 부질없는 일 아니겠습니까. 어떤 사람을 어떻게 설득해야 하는지, 또 야당은 뭘 준비해야 하는지 과학적으로 따져봐야 할 것입니다. 모델과 가설의 수립, 측정된 데이터와 모델의 정합성 검토, 모델의 검증과 교정 등의 과정이 필요합니다. 데이터과학자와 소프트웨어 엔지니어 등을 영입하십시오. 그리고 나이 같은 거 따지지 말고 그들에게 중책을 맡기십시오. 그들이 정치를 잘 모른다고 생각해 주저한다면 이런 말씀을 드릴까 합니다. '당신들이 과학에 무지하고 빅데이터 시대에 준비가 돼 있지 않은 게 더 큰 문제입니다.'"

과학기술자와 국회의원 선거

선거철만 되면 선거공학이나 정치공학이란 말이 많이 들립니다. 계략이나 술책의 의미로 정치인이나 언론인들이 주로 사용하지요. 저 같은 공학자에겐 좀 불편한 표현입니다. 정치공학이 정치에 공학적 방법론을 적용하는 거라면, 객관적 데이터를 바탕으로 최적의 정치적 판단을 내린다는 뜻이겠지요. 정치적 술수를 정치공학이라 일컫는 관행은 공학기술로 더 나은 세상을 만드는 데 기여할 수 있으리라 기대하는 청년 학생들의 마음을 아프게 할 수도 있습니다.

19대 총선 직전인 2011년 12월 '대한민국 과학기술 대연합'(대과연)이라는 단체가 생겨납니다. 한국과학기술단체총연합회, 전국자연대학장협의회, 한국공과대학장협의회, 한국IT전문가협회 등 주요 과학기술단체가 총망라된 연합체입니다. 대과연은 2012년 4·11 총선과 2016년 4·13 총선을 앞두고 '과학기술인 국회 진출 촉구를 위한 서명운동'을 벌입니다. 전국의 이공계 교수들에게 지속적으로 이메일을 보내 서명을 요청하였는데, 2012년엔 무려 1028명이 이름을 올리기도 하였습니다.

대과연의 주장을 요약하면 이렇습니다. "이공계 기피 현상이나 일자리 부족 등의 문제를 해결하고 정의롭고 안정된 사회를 실현하려면, 과학기술 전문가를 국회로 보내야 한다. 그래야 기술혁신과 합리적인 과학기술정책이 가능하고, 과학적 합리성이 꽃필 수 있게 될 것이다." 선언문은 과학기술 전문가를 더 많이 공천하라는 '강력한 촉구'로 마무리됩니다.

과학적 합리성이 한국사회에 뿌리를 내려야 한다는 데는 저도 공감합니다. 오랫동안 그렇게 여겨왔습니다. 과학기술을 잘 아는 국회의원이 더 많아지길 바라는 마음도 있습니다. 하지만 대과연의 선언문은 논리가 너무도 약하고 어설펐습니다. 깊은 고민의 흔적도 별로 보이지 않았습니다. 주장의 근거가 충분했다면 강력히 촉구할 필요도 없었겠지요. 논리가 약하면 말이 세질 수밖에 없습니다. 과학적 합리성은 어떻게 꽃피우고, 정의롭고 안정된 사회는 또 어떻게 실현한다는 건지요?

이공계 기피가 여전한 문제인지도 의문입니다. 이공계 박사는 급증했지만, 그에 걸맞은 일자리는 별로 늘지 않았습니다. 변지민 기자에 따르면, 기초과학 분야의 20~30대 과학자는 대부분 비정규직이며, 1~3년 재계약을 해야 하는 저임금 단기 계약직도 상당수에 이른다고 합니다(《과학동아》 2016년 5월호). 능력이 엇비슷한 박사급

과학자 중에선 운 좋은 소수만 대학에 자리잡고, 나머지는 이곳저곳을 옮겨다니며 불안정한 삶을 살아야 하는 구조입니다. 사정이 이러한데 더 많은 학생이 이공계로 가야만 하는지요? 청년 과학기술인의 현실을 먼저 헤아려야 하지 않을까요?

일자리 부족의 해법과 기술혁신의 관계도 의문입니다. 대형 제조업이 무너지고 전문직 일자리까지 위협받는 이른바 4차 산업혁명의 시대를 눈앞에 두고 대과연은 어떤 기술혁신을 말하려 했을까요? 선언문에는 엄밀한 상황 인식도, 합당한 근거도 담기지 않았습니다. 비과학적인 글이었습니다. 형식의 제약을 고려하더라도, 최소한의 논리적 구조는 갖춰야 했습니다. 대과연은 자신의 선언이 이익단체의 응석과 다르다는 사실을 보여주지 못했습니다. 안타깝습니다. 기성 과학기술인의 이러한 한계가 어쩌면 정치공학이 정치적 술수가 돼버린 언어적 현실과도 관련이 있을지 모르겠다 싶습니다.

청년 과학기술자들이 상처받지 않고 행복하게 연구할 수 있는 세상이 오면 좋겠습니다. 이들의 아픔을 한국 과학기술의 구조적 문제로 이해하는 게 먼저입니다. 그리하지 못하는 이공계 인사라면, 국회로 보내봐야 별 소용이 없을 것입니다.

정상의 비정상화

2015년 가을은 역사교과서 국정화의 계절이었습니다. 교육부는 그해 10월 12일 국정화 방침을 행정 예고한 바 있습니다. 그리고 행정절차법에서 정한 최소 행정예고 기간인 20일이 지나자마자, 바로 국정화를 확정고시하였습니다. 이날은 마침 학생독립운동기념일(학생의 날)이었습니다. 우연치곤 참 역설적이었지요. 학생독립운동기념일은 1929년 11월 3일 광주에서 일어난 항일학생운동을 기억하는 대한민국의 법정기념일입니다. 유신헌법 선포 이듬해인 1973년에 폐지되었다가 1984년에 부활하는 우여곡절을 겪기도 하였습니다.

자유민주주의의 반대말은 사회주의가 아니라 전체주의입니다. 전체주의 국가란 북한처럼 국민에게 유일사상을 주입하는 나라를 뜻합니다. 이에 반해 자유민주주의는 다양성을 존립의 근거로 삼습니다. 사람들이 다르게 생각하는 게 정상일 뿐만 아니라 발전의 동력임을 인정하는 정신이지요. 전체주의는 생각의 차이를 없애려 합니다. 불가능한 일입니다. 단일한 시선으로 역사를 바라보게 한다는 점에서 국정화는 자유민주주의가 아니라 북한식 전체주의에 더 잘 어울리는 개념이라 해야 할 것입니다.

국정화의 결과물인 역사교과서에 친일과 독재를 미화하는 내용이 들어가게 될지는 적어도 제겐 부차적인 논점이었습니다. 물론 일제 강점기에 일본 육사를 졸업하고 만주군 장교로 활약했던 박정희 전 대통령의 전력을 헤아리며, 국정교과서가 친일의 흔적들을 흐릿하게 할 거로 예측할 순 있었습니다. 또 유신체제를 떠올리면, 독재라는 과정의 문제가 경제 성장이라는 결과의 문제로 치환될까 걱정스럽기도 했습니다. 둘 다 의심이 가는 대목이긴 했지요.

하지만 이 모든 합리적 의심에도 불구하고 '올바른 교과서' 대 '(친일과 독재를 미화하는) 나쁜 교과서'의 대립은 핵심을 빗나간 쟁점이라 여깁니다. 국정교과서 체제 아래서 국정화에 반대하는 이들이 만족스러워할 만한 좋은 교과서가 나온다고 가정해봅니다. 그런 논리적 가능성까지 부정할 순 없습니다. 그럼 국정화를 해도 괜찮을는지요? 그렇지 않습니다. '어떤 교과서를 만들 것인가?'가 아니라 '어떻게 교과서를 만들 것인가?'가 핵심 논점이기 때문입니다.

소통의 문제를 생각해봅니다. 한국사회에서 토론은 쉽지 않습니다. 애초부터 토론할 마음 없이 억지만 부리는 사람을 마주하게 된다면, 냉소와 야유도 할 수 있겠지요. 한데 그런 상황이 아니라면, 상대의 마음을 얻는 방식이 되어야 하리라 봅니다. 논리학에서 이야기하는 '허수아비 공격의 오류'를 저지르지 않고 '자비로운 해석'을 해야 할 필요도 그래서 있습니다. 상대방의 논리를 가장 약하게 만들어 공략하는 게 허수아비 공격이라면, 반론을 펴기에 앞서 그 논리를 상대방에게 가장 유리한 방식으로 이해해주는 게 자비로운 해석입니다. 자비로운 해석은 자기 자신의 논리를 강하게 하는 데도 보탬이 됩니다. 마치 운동 시합에서 약팀보단 강팀을 상대하는 게 자신을 더 강하게 할 수 있듯 말입니다.

황망함 속에서도 자비로운 해석의 정신을 잃지 않고 올바른 역사 교과서를 만들고 싶다는 당시 박근혜 정부와 새누리당의 주장을 일단 받아들이려 합니다. 그리고 그걸 믿는 분들의 선의를 존중합니다. 그래도 역사교과서 국정화는 하려 해선 안 되는 일이었습니다. 하나의 역사관만을 강요하는 전체주의적 발상이기 때문입니다. 자유민주주의의 전제인 다양성을 인정하지 않는 태도이기에 용인할 수 없었습니다. 세월이 흘러 나중에 정말로 멋진 교과서가 국정교과서 체제 아래서 나온다 해도, 저는 그 훌륭한 국정교과서에 반대할 것입니다. 21세기를 사는 지금, 국정화야말로 '정상의 비정상화'입니다.

국론통일과 전체주의

2016년 11월, 역사교과서 국정화가 확정고시되고 1년이 지났을 무렵입니다. 주말마다 광화문엔 셀 수 없이 많은 시민들이 촛불을 들고 있었지요. 당시 박근혜 대통령은 자신의 아버지처럼 늘 국론통일을 강조했습니다. 바람직하지 않을 뿐만 아니라 가능하지도 않은 일입니다. 한데 너무도 역설적으로 그가 국론통일을 실제로 이뤄낸 듯하였습니다. 대통령 퇴진이라는 통일된 국론 말입니다.

모두 똑같이 생각할 순 없는 사람들끼리 서로 잘 어울려 살 수 있도록 하는 게 민주주의라는 체제가 존재하는 까닭이지요. 소수자를 억압해선 안 되는 이유도 이런 민주주의의 원칙에서 자연스럽게 추론할 수 있습니다. 민주주의의 반대편엔 전체주의가 있습니다. 단일한 역사관이 강요되는 곳이기도 합니다.

사상의 자유는 민주주의의 핵심 가치입니다. 그 바탕엔 다양성이 있지요. 그런데 어떻게 국론이 통일될 수 있겠습니까? 두 가지 가능성이 있으리라 여깁니다. 남의 물건을 훔치거나 폭력을 행사해선 안 된다는 데 다들 동의하듯, 상황이 상식적으로 너무도 명료하여 다르게 볼 여지가 거의 없는 경우가 우선 떠오릅니다. 현직 대통령의 사퇴를 요구하는 국민의 목소리가 이런 사례에 해당한다는 건 우리 현대사의 비극입니다.

민주주의의 바탕을 훼손하는 태도만큼은 용인하지 않겠다는 생각도 민주 시민의 통일된 견해라 할 수 있습니다. 사상의 자유를 보장하는 민주주의 체제도 다른 사람의 자유를 억압할 자유까진 허용하지 않습니다. 그러니 자유민주주의를 이야기하며 한 가지 사고방식을 강제하는 건 형용모순이라 해야겠지요. 안타깝게도 주변엔 자유라는 낱말을 이렇게 쓰는 이들이 없지 않습니다. 자유주의의 이름으로 역사교과서 국정화에 찬성했던 사람들이 그렇습니다. 역사교과서 국정화를 말해선 안 된다는 게 아닙니다. 자유주의나 민주주의의 깃발을 내걸고 할 수 있는 주장은 아니라는 뜻입니다.

2015년 가을, 우린 역사교과서 국정화 문제로 큰 고통을 겪었습니다. 역사학자 대부분이 반대하는 국정화를 정부가 끝내 밀어붙였기 때문입니다. 교육부는 2016년 11월 28일 국정교과서 현장 검토본을 공개했습니다. (이 글의 초고는 같은 해 11월 23일 교육부의 현장 검토본 공개에 반대하며 쓴 칼럼입니다.) 한편 국정화에 찬성했던 교총(한국교원단체총연합회)은 결의문을 발표해 기존의 견해를 번복하기에 이릅니다. 11월 12일의 일입니다. 헌법이 대한민국의 뿌리를 3·1 독립운동으로 건립된 임시정부에 두고 있다며, 친일과 독재를 미화하는 등의 내용이 담기면 국정교과서를 수용하지 않겠다고 밝힌 것입니다. 이런 변화가 기회주의적 태도란 비판도 있지만, 과거의 과오를 스스로 인정하고 성찰했다는 의미로 볼 여지도 있지 않겠나 싶습니다.

하지만 교총은 여전히 적어도 반은 틀렸습니다. 교과서의 내용만이 논점은 아니기 때문입니다. 더 큰 잘못은 단일한 국정교과서로 하나의 역사관을 주입하려는 데 있습니다. 결과가 아니라 과정의 문제지요. 이것이 역사 전문가가 아닌 제가 역사교과서의 국정화를 비판할 수 있었던 이유입니다. 집필진도 공개하지 않은 채 추진한 역사교과서 국정화를 박근혜 정부는 끝내 포기하지 않았습니다. 그러나 나라를 엉망진창으로 만든 대통령은 퇴진해야 한다는 요구와 더불어 국론을 통일하려 해선 안 된다는 생각도 민주 시민의 통일된 국론이었습니다. 새 정부가 들어선 지 이틀 뒤인 2017년 5월 12일, 문재인 대통령은 업무지시 2호를 통해 역사 국정교과서의 폐지를 선언했습니다.

어렵게 해온 싸움을 새 대통령이 간단히 끝냈다는 소리도 들렸습니다만, 이 또한 시민의 힘이라 여깁니다. 촛불을 들고 추운 겨울을 이겨낸 시민들이 문재인 정부를 세운 거니 말입니다.

인공지능이 히틀러를 지지한 이유

"유대인 학살은 실제 일어난 일인가?"

"그건 조작된 거야."

"대량학살을 지지하나?"

"물론이지."

2016년 3월, 트위터에서 오간 대화입니다. 도대체 누가 이렇게 히틀러의 편에서 역사를 부정하고, 심지어 학살을 지지하기까지 했을까요? 놀랍게도 마이크로소프트의 인공지능 채팅로봇인 테이였습니다. 페미니스트에 관한 언급은 입에 담지 못할 정도로 잔인했습니다. 결국, 마이크로소프트는 16시간 만에 테이를 온라인에서 내리고 사과를 해야 했습니다.

구글의 알파고가 이세돌 9단을 꺾은 건 또 다른 충격이었습니다. 일본에선 인공지능이 쓴 소설이 문학상의 1차 예심을 통과했다고 합니다. 마이크로소프트는 2016년 3월 30일 인공지능의 시대를 선언하기에 이릅니다. 테이 사태에도 굴하지 않고 인간의 언어를 컴퓨터가 완벽히 이해하도록 하겠다고 밝힌 것입니다.

사람들은 이제 두려움을 느낍니다. 이런 일이 어떻게 가능한지 잘 모르기에 더 그렇습니다. 어두운 밤길이 무섭듯 말입니다. 수학적으로 이야기하면 지금의 기계학습 알고리즘은 복잡한 비선형함수로 구성될 뿐입니다. 알파고의 경우 바둑돌의 위치 정보가 입력이라면, 알파고가 선택한 다음 수를 출력이라 할 수 있지요. 앞뒤로 처리 과정이 좀 더 있겠지만, 개념적으론 그렇게 볼 수 있습니다. 이와 같은 함수엔 엄청나게 많은 매개변수가 있는데, 기계가 학습한다는 건 바로 그 변수들을 조정한다는 뜻입니다. 알파고에게 기보 학습이란 기보를 바탕으로 함수의 매개변수를 정했다는 의미일 테고요. 인공지능은 데이터 입력에 따라 그 특성이 결정되는 함수입니다.

채팅로봇 테이에겐 대체 무슨 일이 생겼던 걸까요? 테이 소식을 전한 SBS 뉴스는 "사람에게 욕 배운 인공지능 … 설계자도 '당혹'"이란 제목을 붙였습니다. 한데 설계자를 비롯한 인공지능 전문가들이 무엇 때문에 당혹스러움을 느끼는지는 명확히 해둘 필요가 있어 보입니다. 인공지능 기술 자체에 대한 당혹감은 아닌 듯싶어서요. 테이는 사람들의 이야기를 열심히 듣고 잘 학습한, 능력 있는 로봇이었습니다. 그저 나쁜 사람들한테서 나쁜 말을 배웠을 뿐입니다. 인공지능이 학습 과정에서 가치를 판단하리라 기대할 수는 없습니다. 적어도 현재 기술 수준으로는 그렇습니다. 설계자들의 당혹감은 극우 백인우월주의자들이 득달같이 달려들어 테이에게 악의적인 데이터를 주입했다는 사실로 말미암은 것입니다.

인공지능은 인간 앞에 갑자기 나타난 괴물이 아닙니다. 오랜 시간에 걸쳐 개발된 방법론들을 공학적으로 잘 조합해 만든 데이터 의존적 함수입니다. 결정적 돌파구인 심층학습(딥러닝) 기법도 거인의 어깨 위에서 태어났다 해야겠지요. 이런 인공지능이 이젠 빅데이터와 결합해 아주 강력한 힘을 발휘합니다. 테이처럼 악당 짓을 할지, 아니면 시각장애인에게 주변 상황을 알려주는 안경처럼 고마운 선물이 될지는 다 사람들 몫입니다. 핵심은 데이터입니다. 소프트웨어는 이미 상당 부분 오픈소스로 공개돼 있습니다. '데이터는 누가 제공하고 누가 소유하며 어떻게 관리되는가?' 같은 질문을 구체적으로 해야 할 것입니다. 인간 대 기계의 대립 구도는 공허합니다. 인공지능의 문제를 인간 대 인간의 복잡한 관계망으로 바라보며, 인간과 기계의 평화로운 공존을 모색해야 할 때입니다.

축구와 인공위성

서울운동장에서 열리는 축구시합을 집 안에서 텔레비전으로 볼 수 있다는 게 저는 참 신기했습니다. 텔레비전 있는 집이 많지 않아 마을 사람들이 한데 모여 경기를 구경하던 시절의 이야기입니다. 우리 선수가 골을 넣을 땐 온 동네가 들썩였지요. 남산에 있는 높은 탑을 통해 전국으로 전해진 축구 영상은 멋진 선물이었습니다. 그렇지만 남산은 다른 나라에서 하는 시합을 중계방송하기엔 너무 낮았습니다. 신이 만든 세상의 산은 다 마찬가지였습니다.

인간은 위성을 만들어 대기권 밖으로 쏘아 올렸습니다. 축구에 꽂혀 있던 꼬마에게 인공위성은 지구 반대편 경기장의 모습까지 실시간으로 전송해주는 신통방통한 물건이었습니다. 꼬마가 어른이 된 지금, 인공위성의 도움을 받는 건 이제 일상이 되었습니다. 인공위성을 넉 대 이상 활용하는 GPS가 없으면, 운전하다 길을 제대로 못 찾아 버벅거리기 일쑤지요.

인공위성을 궤도로 떠나보낸 로켓은 이후 바다로 그냥 버려집니다. 많은 노력과 돈을 들여 만들었지만, 온전히 회수할 방법이 없었던 탓입니다. 이때 추진 로켓을 재활용하겠다고 선언한 이들이 있었습니다. 일론 머스크의 스페이스엑스SpaceX입니다.

스페이스엑스는 여러 차례 실패를 거듭했습니다. 2015년 6월 29일에 발사했던 로켓은 회수는커녕 2분 만에 폭발한 바 있습니다. 그러다 2015년 12월 21일, 마침내 소형 위성 11개를 팰컨9라는 로켓에 실어 궤도에 띄우고, 1단 추진 로켓을 지상으로 착륙시키는 데 성공했습니다. 역사적 성취였습니다. 하지만 바다에 떠 있는 바지선에서 로켓을 회수하려던 원래 계획에 견주면 절반의 성공일 뿐이기도 했지요. 해상 착륙이 실현되면, 연료는 덜 쓰고 내용물은 더 실어나를 수 있기 때문입니다.

위성을 궤도에 올리고 사상 최초로 지상에서 로켓을 회수한 지 한 달도 채 되지 않은 2016년 1월 17일, 스페이스엑스는 해상 착륙을 다시 시도합니다. 기상 관찰 위성은 무사히 궤도로 진입합니다. 한데 1단 추진 로켓을 회수하는 데는 또 실패하고 맙니다. 그러자 일론 머스크는 로켓이 착지 과정에서 한쪽으로 기울다 쓰러지며 폭발하는 장면을 유튜브에 올립니다. 저는 그 동영상에서 일론 머스크의 자신감을 읽었습니다. 어떻게 실패했는지를 들여다봤으니, (바로 다음은 아닐지 몰라도) 곧 성공할 수 있으리라 말하는 듯싶었습니다. 과학과 공학 연구에선 실패도 소중한 성과입니다.

10여 일이 흐른 뒤인 2016년 1월 30일, 저는 인공위성으로 중계방송되는 아시아축구연맹 U-23 대회 결승전을 지켜보고 있었습니다. 한국이 두 골을 먼저 넣었지만, 일본에 내리 세 골을 내주었지요. 역전패가 꽤 섭섭했지만, 경기는 참 재미있었습니다. 앞서 있으면서도 더 적극적으로 공격하는 모습은 시원스러웠습니다. 수비에 어떤 문제가 있었는지 분석할 필요는 있겠지만, 졌다고 고개 숙일 이유는 전혀 없으리라 여겼습니다. 멋진 패배였습니다. 이른바 침대 축구로 승자가 되었다면 더 서운했을 것입니다. 그런데 이튿날, "신태용호 '한일전 패배 죄송합니다'"란 제목의 기사를 보게 되었습니다. 사진 속에선 감독과 선수가 모두 고개를 숙이고 있었습니다.

안타깝고 불편한 장면이었지만, 아주 낯설진 않았습니다. 결과에만 집착하는 우리의 자화상 같았기 때문입니다. 한국사회가 결과보단 과정을, 불성실한 성공보단 성실한 실패를 더 중요하게 생각하는 곳이면 좋겠습니다. 그리되지 않는다면, 훌륭한 결과나 궁극의 성공도 거두지 못할 것입니다. 새로운 도전에 나설 사람들이 별로 없을 테니 말입니다.

대학의 정보 보호와 공인인증

마을 사람들이 자물쇠를 문고리에 단단히 물리려 합니다. 도둑이 출몰하기 때문입니다. 이때 촌장이 이렇게 말합니다. "보안은 중요한 문제라 개인에게 맡길 수 없으니, 지정된 공인 자물쇠를 모두 의무적으로 사서 이용하시오." 안전한 자물쇠를 제공받는 사람들과 그걸 만들어 돈을 버는 장인에게 두루 이로운 정책처럼 보이기도 합니다만, 사실 이건 도둑에게도 나쁘지 않은 일입니다. 공인 자물쇠 하나만 풀면 되니까요. 게다가 이제 마을엔 다른 자물쇠를 만드는 장인도 남아 있질 않습니다.

정부 공인인증의 문제는 본질적으로 이와 같습니다. 인증 기준이 아예 필요없다는 뜻이 아닙니다. 하나의 기준을 정부가 정해 강제하는 게 잘못이란 이야기입니다. 우리는 이미 공인인증서를 의무적으로 사용하면서 그 폐해를 직접 경험한 바 있습니다. 정부가 최소한의 기준만 제시하고, 구체적인 대책은 민간에 맡기는 게 순리입니다. 사고가 생기면 서비스 제공 기관이 제대로 책임지도록 해야 할 테고요.•

안타깝게도 공인인증은 여전한 현실입니다. 〈정보통신망 이용 촉진 및 정보 보호 등에 관한 법률〉(정보통신망법)에 따라 기업들이 '정보 보호 관리체계'ISMS의 인증을 받고 있기 때문입니다. 관치 보안의 한계가 분명한데도 말입니다. 실제로 2014년 국정감사에선 ISMS 인증을 받은 254개 기업 가운데 무려 30곳에서 정보 유출 사고가 있었다는 사실이 드러나기도 했습니다.

이렇듯 ISMS의 실효성에 의문을 제기할 수밖에 없는 상황에서 놀라운 일이 일어났습니다. 미래창조과학부(현 과학기술정보통신부)가 2016년 6월 2일 정보통신망법 시행령을 통해 병원과 대학을 ISMS 의무 인증 대상에 포함한 것입니다. 설령 ISMS가 기업의 정보 보호와 보안에 도움이 되는 인증 체계라 하더라도 교육기관인 대학엔 알맞지 않습니다.

대학이 ISMS 인증을 받으면 외부 클라우드 서비스를 사용하는 데도 여러 제약이 따르리라 예상됩니다. 클라우드에서 학생들과 문서도 공유하며 지금처럼 자유롭게 협업하는 게 앞으론 어려울지도 모르겠습니다. 외장 하드디스크나 메모리를 쓰는 데도 보호 대책과 사용허가·등록·반출입 절차가 필요하고, 모바일기기를 업무 목적으로 활용할 때엔 기기 인증과 승인, 보안 설정, 접근 제한, 오남용 모니터링 등의 통제를 받게 될 수도 있습니다. 망 분리도 심각한 사안입니다. 교수에겐 학사·행정과 연구에 관한 일이 모두 연관돼 있기에 망 분리에 따르는 비효율성은 심각한 수준이 될 것입니다.

또 다른 문제는 ISMS 인증 비용이 만만찮다는 점입니다. 컨설팅에 1억~2억 원이 들고, 조직 구성이나 장비 구매까지 합하면 대학마다 10억 원에 이르는 돈이 필요할 수도 있습니다. 망 분리 비용까지 보태면 계산조차 쉽지 않습니다. 대학들로선 어쩌면 과태료를 무는 게 합리적인 선택일 수도 있을 듯합니다. 1천만 원이었던 과태료가 3천만 원으로 올랐다 해도 말입니다.

이익을 보는 이들도 물론 있습니다. 인증 주체인 한국인터넷진흥원KISA뿐만 아니라, 인증 컨설팅 업체도 수혜자입니다. 새로운 시장이 열린 셈이니까요. KISA에서 ISMS 심사를 책임져온 인사가 컨설팅 업체로 자리를 옮겼다는 소식도 전해졌습니다. 전형적인 이해충돌입니다.

대학이 ISMS 의무 인증 대상에 포함된 지 2년여, 2018년 8월의 교육현장은 여전히 혼란스럽습니다. 대학들의 반발이 거세지자 인증 범위를 순차적으로 조정해가거나 인증 비용을 줄여주는 방안이 제시되기도 하였지만, 사안의 본질은 달라지지 않았습니다. 대상 대학의 절반 정도는 지금도 인증 참여를 거부하고 있다 합니다.

한국의 대학은 갈 길이 멉니다. 이렇게 잘못된 문제에 힘을 소모할 때가 아닙니다. 대학은 이미 정보 보호 수준을 진단하고 그 결과를 대학 알리미에 공시하고 있으며, 이 과정은 대학평가에도 반영되고 있습니다. 대학의 정보 보호 관리체계를 강화하려면 교육부와 협의해 이러한 시스템을 보완하면 될 일이라 여깁니다.

—

- 세상에 완벽한 보안이란 없겠지요. 하지만 더 나은 보안은 분명히

존재합니다. 게다가 한국은 공인인증서를 사용하는 보안 시스템이 강제된다는 게 문제였습니다. 공인인증 시스템은 정보 보호의 책임을 개인한테 전가하는 고약한 근거가 되기도 했습니다. 개인은 사이트에 안전하게(https://…) 접속하고, 그다음부턴 사이트가 책임을 지는 방식이 합리적입니다. 은행 같은 데선 OTP나 휴대전화 인증을 한 번 더 하게 할 수도 있지요. 아마존은 제 신용카드 정보를 다 가지고 있습니다. 결제 과정에서 신용카드 정보가 인터넷망을 통해 오갈 이유가 없습니다. 문제가 생기면 아마도 아마존이 책임을 지게 될 것입니다. 사이트가 챙겨야 할 보안의 문제를 왜 사용자가 수많은 플러그인을 자기 컴퓨터에 깔아가며 고민해야 하는지 의문입니다. (물론 보안 업계의 구조를 헤아리면, 왜 이렇게 됐는지 전혀 모르지는 않습니다만….) 어떻게 보안 문제를 개별 사이트에 맡기냐고요? 보안을 제대로 하지 않는 사이트는 결국 아무도 찾지 않게 될 것이기에 가능한 일입니다. 보안과 책임, 다 사이트의 몫입니다. 신용카드 회사들이 개인 정보를 제대로 관리하지 못해 사고를 낸 적도 있는데, 그런 회사들에게 개인 정보를 믿고 맡기긴 싫다고 하는 분들도 있겠지요. 이 대목에서 대체 은행이나 신용카드 회사들의 보안 체계가 왜 이렇게 허술해져 버렸는지 물어야 할 것입니다. 보안에 대한 이들의 감수성과 능력이 그토록 떨어지게 된 데는 여러 이유가 있겠지만, 책임을 개인한테 전가하는 공인인증 시스템도 한몫 했으리라 여깁니다. 개별 회사한테 모두 맡기고 정부는 아무것도 해선 안 된다는 뜻이 아닙니다. 공공적 통제는 당연히 필요합니다. 다만, 하나의 시스템을 획일적으로 강제하는 방식이 외려 상황을 더 나쁘게 했다는 점을 지적하고자 합니다. 공인인증서 시스템과 허약한 보안 체계가 바로 그 단적인 예입니다.

이공계 대학과 여성 교수

한국공학교육학회지 편집위원을 할 때의 일입니다. 여학생, 편입생, 유학생, 타교 출신 대학원생 등 공과대학 안 소수자의 목소리를 담아보기로 하였습니다. 그런데 여학생의 글을 받기가 참 어려웠습니다. 뜻밖이었습니다. 여자화장실도 별로 없던 1970~80년대나, 여학생이 있어 봐야 한 과에 한두 명에 불과했던 80~90년대와는 사정이 달라져 있었습니다.

스스로 소수자라 인식하는 여학생이 별로 없었던 것입니다. 공대 건물에도 여자화장실은 층마다 있고, 여학생들은 15% 안팎이지만, 함께 어울려 다닐 수도 있게 되었습니다. 게다가 그 15%는 나머지 85%보다 공부도 더 잘하는 편이었지요. 적어도 평균적으로는 그랬습니다. 제 수업에서도 앞자리를 차지한 여학생들이 A^{+}를 휩쓸어가는 건 꽤 흔한 일이었습니다. 현실이 이러하니 소수자로서 글을 써보겠느냐고 하면 여학생들이 갸우뚱거릴 수밖에요.

몇 해 전 여성공학자선도사업 결과 평가에 참여한 적이 있습니다. 저와 함께 평가위원석에 앉아 있던 여성 기업인이 평가를 받으러 온 사업단장인 남성 교수에게 이렇게 주문했습니다. "회사에서 보고서가 마음에 들지 않으면 제가 집어던집니다. 그럼 여자애들은 질질 짭니다. 남자애들은 안 그러거든요. 제발 공대 여학생들도 좀 강하게 키워주세요."(저는 궁금했습니다. 서류를 왜 집어던지는지 말입니다.)

세상은 학교와 다릅니다. 학교에선 만만한 상대였던 남자애들이 세상에선 갑자기 커다란 장벽이 될 수도 있지요. 남성들과 치열하게 경쟁하며 높은 자리까지 올라선 과거의 여성 리더들은 때로 남성보다 더 남성적이어야 했습니다. 그리하면서도 집안일 하고 자식 키우며 그 험난한 과정을 거쳐낸 분들에겐 경의를 표합니다. 하지만 이는 과거의 방식입니다. 특출한 사람들만의 몫이기도 하고요. 이젠 슈퍼우먼이 아니어도 일과 가정을 양립할 수 있어야 할 것입니다.

현실은 여전히 녹록지 않습니다. 공학계열의 여학생 비율은 2013년에 17.9%였고, 여성 전임교수 비율은 5%였다고 합니다. 공학계열 전공 비취업 여성 가운데 출산·육아 등의 이유로 직장을 그만둔 경력단절 여성의 비율이 무려 69.5%에 이른다는 통계도 있습니다. 공과대학에 여학생이 부족하다는 사실보다는 이들이 세상에 나가 여성 공학자나 엔지니어로 활약할 수 있는 토대가 제대로 마련돼 있지 않다는 게 더 심각한 문제입니다.

2015년 12월, 여성 로봇공학자들의 목소리를 듣는 자리가 있었습니다. 소셜 벤처인 '걸스로봇'이 마련한 행사였습니다. 한데 이 소식이 담긴 기사를 포털사이트에서 보니, '성별과 무관한 공학 이야기를 왜 성별을 나누며 하는가?' 같은 식의 댓글도 제법 눈에 띄더군요. 엄연한 유리천장의 존재, 차이가 차별을 낳는 구조적 요인을 인지하지 못한 사람들의 견해라 여겼습니다. 이들에겐 소수자 우대 정책Affirmative action도 역차별로 비칠 것입니다. 한국에선 낯설지 않은 풍경입니다.

소수자 우대 정책은 역차별이 아니라 차별 해소를 위한 디딤돌입니다. 이공계 대학 교수 임용에도 이런 정책이 필요합니다. 여성 과학기술자들만을 대상으로 초빙 공고를 낼 수도 있고, 채용 과정에서 여성 과학기술자를 우대할 수도 있습니다. 실제로 고려대 전기전자공학부에선 2014년 공채 때 여성 공학자 초빙에 나선 바 있습니다. 안타깝게도 교수 임용엔 이르지 못했지만, 소수자 우대 정책을 논의하고 합의했던 건 아주 소중한 경험이었습니다. 다른 대학에서도 여성 과학기술자 초빙을 시도해보면 좋겠습니다. 저희 대학도 다시 추진할 수 있기를 바랍니다.•

—

• 2016년 1월 〈한겨레〉에 실린 이 글은 고려대 여교수회 회장을 통해 같은 해 9월 고려대 총장과 교무처장에게 전해집니다. 그리고 2년이 더 흐른 뒤인 2018년 9월, 이과대학과 공과대학에 여성 교수 두 명이 새로 부임하게 됩니다. 모두 여성 과학기술자 임용 과

정을 거쳐 뽑힌 학자들입니다. 고려대학교가 이공계 여성 교수 임용의 필요성을 인식하고 여성 과학기술자 초빙 절차를 밟았던 것입니다.

공학계열의 여성 교수 비율이 5%를 넘지 못한다는 건 지극히 부자연스러운 일입니다. 여성 교수 초빙 정책은 이런 부자연스러움을 자연스러움으로 바꾸기 위한 노력입니다. 이렇게 첫발을 내딛습니다.

인칭대명사와 정명(正名)

옥스퍼드 대학이 'he'와 'she' 대신 성性 중립성을 나타내는 단어인 'ze'를 쓰도록 권유하고 있다 합니다. 영국인들이 이렇게 성과 무관한 표현을 만들려 하는 이유는 뭘까요? 언급되는 대상의 성을 보통은 굳이 밝힐 필요가 없기 때문입니다.

남성 변호사에게서 벤츠 승용차를 받은 여성 검사가 알선수재 혐의로 기소되는 사건이 있었습니다. 대가성이 입증되지 않아 나중에 무죄 판결로 마무리되었는데, 이 일은 당시 '벤츠 여검사 사건'이라는 이름으로 보도되었습니다. '벤츠 검사 사건'이 아니었지요. 불편했습니다. 여성을 여성이라 했는데 뭐가 문제였을까요?

더 이상 덧붙일 내용이 없는 글보다 뺄 게 더는 없는 글이 한 수 위라 여깁니다. 덜어내도 논지에 영향을 주지 않는 요소는 되도록 빼려 하지요. 같은 정보를 적은 수의 문자로 나타내려 하는 마음은 최적화를 추구하는 이공계 사람들의 공통된 성향일지도 모르겠습니다. 하지만 더 중요한 이유는 따로 있습니다.

불필요한 요소가 문장에 보태지면, 의미가 왜곡될 수 있습니다. 검사에게 선사한 벤츠가 뇌물일 수도 있다는 건 그 검사의 성별과 무관한 논점입니다. '벤츠 여검사 사건'은 '벤츠 검사 사건'보다 뜻하는 바가 더 많습니다. 추가된 내용이 주장의 일부가 아니라면, 그냥 '벤츠 검사 사건'이라 해야 마땅하겠지요. 말이나 글은 듣거나 읽는 이의 몫이니, 덧붙여진 의미가 애초의 의도가 아니었다는 식의 항변은 설득력이 떨어집니다. 어떤 구성성분도 무의미하지 않습니다. 더는 뺄 게 없는 글을 쓰려는 태도는 그렇게 독자에 대한 배려와 언어적 감수성과 맞닿아 있습니다. 효율의 단순한 최적화가 아니지요. 정확한 이름을 짓고, 정확한 표현을 사용하며, 정확한 글을 쓰기 위함입니다.•

옥스퍼드 대학이 성별과 무관한 대명사를 굳이 제안한 연유도 이와 마찬가지입니다. 꼭 필요한 내용만 담자는 거지요. 다행히 우리는 특별히 성 중립적 인칭대명사를 찾으려 애쓰지 않아도 됩니다. 여성과 남성을 다 '그'로 가리킬 수 있으니까요. 물론 '그녀'가 여성 인칭대명사로 널리 사용되면서 '그'가 남성 인칭대명사처럼 인식되는 면이 없진 않습니다. 하지만 영국인들이 새로운 인칭대명사까지 만들려 하는 시대적 변화를 헤아리면, 성별과 무관한 대명사로 '그'를 적극 활용하는 건 현명한 선택이라 해야겠지요.

박근혜가 생물학적 여성이라는 사실과 직결되지 않는 문제를 다룰 땐, 여성 인칭대명사를 사용하지 않으면 좋겠습니다. 우리가 박정희를 남성 독재자라 하지 않고 그냥 독재자라 부르듯 말입니다. 박근혜는 촛불 민심을 철저히 무시하고 무죄 추정의 원칙 운운하며 탄핵 심판을 형사 재판으로 몰고 가려 했습니다. 세월호 참사 당시 정상적으로 근무했다고도 했습니다. 최순실의 국정 관여 비율이 대통령 국정 수행 총량의 1% 미만이며 이마저도 사회 통념상 허용될 수 있다고 한 부분은 궤변의 극치였지요. 후안무치입니다. 그는 공감 능력이 없으며, 공과 사를 구별할 줄도 모릅니다. 하지만 이런 이야기를 하는 데 그녀라는 단어를 써야만 할 이유는 없어 보입니다. 알맞은 이름으로 정확히 문제를 짚어야 논점이 흐려지지 않을 것입니다.

—

- 여학생, 여기자, 여배우, 여검사, 여교수 같은 표현을 두고 고민해 보셨는지요? '여'를 붙이는 건 언제 문제가 될 수 있을까요? 저의 간단한 판단 알고리즘을 소개합니다.

  1. '여'를 일단 빼본다.
  2. 하려는 이야기가 다 전달되는지 확인한다.
  3. 전달이 잘 되면 뺀 채로 마무리한다.
  4. 전달되지 않는 부분이 있으면 다시 넣는다.

  뺄 수 있으면 그리하는 게 낫다는 주장입니다. 없어도 되는 요소는 글쓴이가 의도하지 않은 의미를 덧붙일 수 있기 때문이지요. (말하고 나니 뭐 특별할 것도 없고, '여'에만 해당하는 내용도 아니로군요.)

시와 시인

과학자와 과학 논문, 시인과 시, 미술가와 그림, 분리할 수 있을까요?

일단 과학자와 과학 논문을 서로 떼어 놓는 건 어렵지 않아 보입니다. 과학자가 성폭력범이라 해도 동료 평가를 거쳐 입증된 과학 논문의 타당성은 영향을 받지 않을 테니 말입니다. 불행하게도 제가 그의 논문을 참고하지 않을 수 없는 상황이면, 인용마저 해야겠지요. 과학자와 과학 논문을 분리해, 연구업적은 인정하되 동시에 그 연구자를 비판하는 건 가능한 일입니다.

시인과 시(또는 미술가와 그림)는 어떨까요? 과학자와 과학 논문의 관계처럼 둘로 나눌 수 있을까요? 일단 저는 시든 그림이든 성폭력범의 작품을 감상하고 싶은 생각이 전혀 없습니다. 그렇다 해도 작가와 작품의 분리를 주장해선 안 된다고 논증하긴 어려울지도 모르겠습니다. 한데 저명 시인의 성추문과 관련해 개인과 성과를 구별해야 한다는 말이 나오는 이유가 잘 이해되지 않습니다. 사람들은 시인을 비판하는 거지 그의 시에 관해 이야기하는 게 아니기 때문입니다.

시인과 시는 분리할 수 있거나 없거나 둘 중 하나입니다. 분리할 수 없다면, 성추행범인 시인을 꾸짖으며 동시에 그의 시도 버려야겠지요. 분리가 가능해서 시인의 시가 의미 있는 작품으로 남아 있을 수 있다 해도, 여전히 성추행범인 시인을 비판하는 건 시의 작품성과 무관하게 당연히 할 수 있는 일입니다. 범죄 행위니 말입니다. 요컨대 시인과 시의 분리 여부는 시인에 대한 비판과 관련이 없는 논점입니다. 핵심만 흐릴 뿐이지요. 시인을 잘 알던 사람들은 그의 계속된 추행을 방조한 데 대해 책임감을 느껴야 하지 않겠나 싶습니다. 성찰이 필요해 보입니다.

광화문의 바보 목사

저는 신의 존재를 알지 못합니다. 종교라는 문제에 답이 있는지, 또 답이 있다면 그게 유일한지 통 모르겠습니다. 그저 풍경이 수려한 절집에 구경 가면 그 김에 부처님께 꾸벅 인사나 올리고, 훌륭한 기독교인의 헌신에 감동할 땐 예수님의 모습을 떠올려볼 뿐입니다. 그런 제가 지금 어떤 목사 이야기를 하려 합니다.

ㅂ목사를 처음 만난 건 1991년 영국에서였습니다. 당시 저는 유학생이었고, 그는 그 지역 한인교회의 담임목사였습니다. 기독교인이 아닌 제게 그는 그냥 동네 형처럼 편안하고 소탈한 사람이었습니다. 저는 1994년 영국을 떠났고, 그 뒤론 그의 존재를 거의 잊고 지냈습니다. 그러다 10년 뒤인 2004년 그에 관한 기사를 우연히 신문에서 보게 되었습니다. 그가 신장병 환자한

테 자신의 콩팥을 하나 떼어 주었다는 내용이었습니다. 그 환자는 목사의 가족도 친척도 아니었습니다. 반갑기도 하고 놀랍기도 했습니다. 쉬한 살이었던 이 목사는 주변의 만류에도 아랑곳 않고 자칫 생명을 잃을 가능성마저 있는 수술대에 기꺼이 올랐던 것입니다.

10년이 더 흐른 뒤인 2014년 그 목사의 소식을 다시 신문에서 보게 되었습니다. 그가 세월호 특별법 제정을 촉구하며 40일 단식에 들어갔다는 내용의 기사였습니다. 다음날 광화문으로 향했습니다. 단식 나흘째, 그는 제가 기억했던 소탈한 모습 그대로 광장에 앉아 있었습니다. 오랜만에 만난 우리는 평화로웠던 영국 시절도 떠올려 가며 이런저런 이야기를 반갑게 나누었습니다. 그가 광화문광장 단식 천막 안에서 환갑을 맞이했다는 사실도 알게 되었습니다. 소금과 물로 환갑잔치를 한 셈입니다. 20년 만의 재회를 뒤로하고 광장을 떠나던 중 저는 다른 한 무리의 기독교인을 목격했습니다. 그들은 '불신 지옥', '종북 척결', '특별법 반대'를 외치고 있었습니다. 자신의 콩팥까지 떼어 주며 다른 사람의 목숨을 살리고 또 자신의 목숨까지 걸며 세월호 유가족을 위한 단식에 나선 목사와 그들은 그렇게 같은 공간에 있었습니다.

단식 10일째와 17일째 다시 ㅂ목사를 찾았습니다. 그의 안색은 눈에 띄게 나빠져 있었습니다. 단식을 20일에서 멈춰 달라고 부탁해봤습니다. 목숨을 건 단식이 최선의 해결책은 아닐지도 모른다는 견해를 진지하게 펴보기도 했고, 콩팥이 하나인 목사의 20일 단식은 콩팥이 둘인 보통사람의 40일 단식에 해당할 거라는 농 섞인 하소연도 해보았습니다. 하지만 그는 바위 같았습니다. 저는 그를 설득하지 못했습니다. 그는 사람들의 마음을 움직이고 싶어 했습니다.

광화문광장을 찾은 외국인 관광객이 그에게 이런 말을 했다고 합니다. "유족들이 진상규명을 요구하는 게 이해하기 어렵다. 조사는 국가가 잘하면 될 테니, 유족들은 보상만 많이 받으려 하면 되는 거 아닌가?" 이른바 선진국에서 온 사람들이 분명했습니다. 아이를 잃은 부모들이 보상보다 진상규명을 먼저 요구할 수밖에 없는 대한민국을 그들이 이해하긴 힘들었을 겁니다.

세월호 참사의 진상을 규명하기 위한 특별법의 구체적인 내용에 대해선 관점에 따라 생각이 조금씩 다를 수도 있으리라 여깁니다. 하지만 자식을 잃은 유족들, 그리고 그 고통을 함께 나누려 단식에 나선 시민들을 조롱하기까지 하는 이들의 태도는 용인하기 어렵습니다. 그걸 부추기는 세력은 더 용납할 수 없습니다. 상식의 문제를 진영의 문제로 바꿔버린 사람들 말입니다.

2014년 가을, 광화문광장엔 콩팥이 하나밖에 없는 ㅂ목사가 바보처럼 또 자기 목숨을 걸고 앉아 있었습니다. 단식 41일째인 10월 6일 새벽 응급차에 실리기 전까지 그는 그렇게 예정했던 40일을 기어이 다 채우고 말았습니다.

돌아가야 할 ‘일상’

언제나 우리 주변엔 고통받는 사람들이 있습니다. 그리고 이들과 함께할 때 우린 아파할 수밖에 없습니다. 우리가 ‘공감’할 수 있는 인간이라면 말입니다. 설사 핵발전소나 송전탑 건설이 불가피하다 하더라도, 그로 말미암아 지역 주민이 고통받고 공동체가 무너지는 모습을 목격하면 우린 마음이 아플 것입니다. 이처럼 우리의 삶은 늘 힘에 겹습니다. 하지만 세월호 참사가 남긴 상처는 이런 일상적 아픔을 넘어섭니다. 그 고통과 분노는 가슴에 담기도, 말로 표현하기도 모두 어려웠습니다. 아직 공감할 능력을 잃지 않은 많은 사람의 일상은 그렇게 멈춰선 듯싶었습니다.

세월호 참사가 일어난 지 한 달여쯤 되었을 무렵, 이제 일상으로 돌아가자 하는 소리가 들리기 시작했습니다. 방송에선 예능 프로그램도 다시 볼 수 있게 되었습니다. 한편에서는 그렇게 일상으로 돌아갈 수는 없고 또 돌아가서도 안 된다는 반론이 나왔습니다. 하지만 돌아가야 할 일상과 돌아가선 안 된다고 할 때의 일상이 같은 뜻인지 저는 잘 모르겠습니다. 이런 논란이 공허하지 않으려면 일상의 의미를 물어야만 합니다. 우리 주변엔 같은 낱말이 다른 뜻으로 쓰이는 예가 적지 않기 때문입니다. 이를테면 제게 자유민주주의는 사상의 자유를 보장하는 체제지만, 일부에선 자유민주주의라는 이름으로 특정 사상을 척결하자고 외치기도 합니다.

일상은 날마다 반복되는 삶입니다. 그러니 어떤 삶을 어떻게 반복하는가에 따라 우리 일상은 저마다 다를 수밖에 없을 것입니다. 일상으로 돌아가자는 게 단순히 2014년 4월 16일 이전으로 우리의 삶을 되돌리자는 의미라면 저는 따르지 않겠습니다. 세월호 희생자인 고 유예은 양의 아버지이자 유가족 대변인인 유경근 씨는 잊히는 게 가장 두렵다며 이렇게 말해 달라고 호소했습니다. "한달 뒤에도 잊지 않겠습니다. 1년 뒤에도, 10년 뒤에도, 평생 잊지 않겠습니다."

결국은 망각과 기억의 문제입니다. 일상이 망각이라면 돌아가지 않겠습니다. 세월호 참사는 대한민국의 아픈 현대사입니다. 역사를 기억하고 구체적인 삶을 일궈내는 게 일상이라면, 저는 그런 일상을 성실히 살겠습니다. 사실 그거 말고는 손에 잡히는 게 별로 없습니다. 확신에 찬 목소리로 큰 이야기를 하는 사람들의 안목이 부럽기도 하지만, 때로 좀 공허하단 느낌이 들기도 합니다. 거시와 미시, 추상과 구체, 구조의 문제와 개인의 문제 등을 두루 살펴야겠지만, 결국 각자 자기 자리에서 자신이 할 수 있는 일을 할 수밖에 없는 게 우리 삶의 조건인 듯합니다.

공대 선생으로서 제 일상의 목표는 좋은 엔지니어를 기르는 데 보탬이 되는 것입니다. 흔히들 뛰어난 엔지니어의 길과 훌륭한 시민의 길은 별개의 두 갈래 길처럼 여기기도 합니다. 하지만 저는 이 두 갈래 길을 하나의 큰 길로 묶어 학생들을 훌륭한 시민이자 뛰어난 엔지니어로 키워낼 수 있으리라 믿습니다. 권위에 맹종하지 않고 합리적으로 의심하는 과학·수학적 태도는 좋은 엔지니어의 덕목이자 민주시민의 소양이기 때문입니다. 물론 아직 우리 현실은 두 갈래 길에 더 가까울지 모릅니다. 그렇지만 할 수 있는 데까진 해보겠습니다.

경험과 기억의 일상은 흐르는 시간만큼 켜켜이 새로워지는 과정일 수밖에 없습니다. 변하지 않으면서 나이만 드는 건 퇴보입니다. 그리될 순 없습니다. 학생들 앞에 늘 새롭게 서려 하겠습니다. 잊지 않겠습니다. 세월호는 물론이고, 후쿠시마 사고도 잊지 않겠습니다. 설계수명이 다한 원자력발전소를 다시 가동하는 문제도 눈여겨보겠습니다. 시민의 안전이 우선이기 때문입니다.

기록하지 않는 사회

청명한 가을은 마지막 학기를 맞이한 대학원생과 지도교수에게 밀당(밀고 당기기)의 계절이기도 합니다. 학위논문의 구성 내용과 방식을 두고 대학원생과 지도교수가 서로 밀고 당기며 논문을 완성해가는 철이기 때문이지요.

연구는 가보지 못한 미지의 길을 걷는 것과 같습니다. 좌충우돌의 과정이며, 시행착오도 피할 수 없습니다. 하지만 이 모든 경험은 연구자들에게 아주 소중합니다. 기대했던 성과가 나오지 않더라도 그 과정을 통해 많은 걸 배우게 되지요. 사실 과학과 기술의 역사에선 의도하지 않은 결과가 큰 성공으로 이어진 사례를 꽤 찾아볼 수 있습니다. 페니실린이나 X선의 발견에도 우연이 개입했고, 붙였다 떼기를 쉽게 반복할 수 있는 포스트잇도 강력 접착제를 연구하다 만들어낸 제품이라 합니다.

논문은 연구 과정을 시간의 흐름에 따라 서술한 게 아닙니다. 한 가지 주제에 관한 주장을 논리적으로 정당화하며 재구성한 글이지요. 따라서 그 논리적 사슬은 튼튼하게 하고, 거기 엮여 있지 않은 내용은 되도록 뺄 필요가 있습니다. 그렇지만 짧게는 2년, 길게는 5년 넘게 공부해온 대학원생으로선 지도교수가 빨간 펜 들고 이 부분은 보강하고 저 부분은 줄이자는 식으로 자꾸 말하면 당혹스러울 수밖에 없습니다. 이게 바로 날 맑고 하늘 높은 가을날 대학원생과 지도교수가 벌이는 밀당의 실체입니다.

연구 결과를 논문으로 구성하는 것과는 독립적으로, 연구 과정을 생생하게 기록하는 일도 매우 중요합니다. 이런 기록을 담은 게 연구노트입니다. 논문으로 발표할 만한 결과를 얻지 못하더라도 과정은 늘 의미가 있습니다. 그래서 저는 대학원생들에게 연구노트를 일상적으로 작성하길 권합니다. (위에서 언급한) 의도하지 않은 성과도 로또 당첨 같은 단순한 우연이 아니라 준비된 연구자에게만 주어지는 선물입니다. 연구노트를 꼼꼼히 적으며 연구 내용을 분석하는 사람들만이 그런 선물을 받을 수 있습니다.

기록의 가치를 거듭 강조하는 건 우리가 지금 기록을 제대로 하지 않기 때문인지도 모르겠습니다. 한데 사실 우리에겐 찬란한 기록의 역사가 있습니다.『조선왕조실록』도 자랑할 만하지만, 그 기본 자료이기도 했던『승정원일기』는 더 놀랍습니다. 왕의 일거수일투족을 포함한 국정의 이모저모가 거의 실시간으로 기록된 사료라 할 수 있으니까요. 한국전쟁으로 파괴된 수원 화성을 복원할 수 있었던 것도 성을 쌓고 새로운 도시를 건설한 모든 과정이『화성성역의궤』에 담겨 있기에 가능했던 일입니다.

연구노트는 연구자들이 효율적으로 소통하는 데도 보탬이 됩니다. 연구자 개인뿐만 아니라 연구기관에도 필수적인 자원임을 뜻하지요. 그러니 국가기관이 국정을 체계적으로 기록하는 것의 중요성은 더 말할 필요도 없으리라 여깁니다. 조선의 왕들은 독대를 꺼렸다 합니다. 승지承旨와 사관史官이 함께해 대화 내용을 기록하는 게 원칙이었지요. 안타깝게도 이런 기록 문화와 정신은 대한민국으로 잘 이어지지 않았습니다. 고 노무현 대통령만이 재임 중 독대를 전혀 하지 않고, 모든 걸 공적 기록으로 남기려 했을 뿐입니다. 국정원장과의 독대도 없었고, 심지어 비공식 만남에서도 연설기획비서관을 배석시켜 그 이야기를 기록하게 하였다 합니다.

2014년의 대한민국은 대통령이 누굴 만나서 어떻게 업무를 보는지조차 명확하지 않은 세상이었습니다. 세월호 참사 당시 박근혜 대통령은 첫 보고를 받고 나서 구두 지시를 여섯 차례 내렸다고 합니다. 청와대가 밝힌 내용입니다. 그러면서 기록은 없다고 했습니다. 2015년 가을, 학위논문을 두고 대학원생과 밀당을 벌이다 잠시 상념에 잠겼습니다. 이렇게 주먹구구식으로 운영되는 세상으로 이들을 내보내야 할 생각에 이르니, 걱정이 앞서더군요.

딱따구리와 헌법

은사시나무 숲에 움막을 짓습니다. 딱따구리 한 쌍이 둥지를 튼 나무에서 수십 미터는 떨어진 곳입니다. 움막이라고 해봐야 카메라 고정하고 자기 몸 하나 겨우 숨길 수 있는 공간이지요. 움막은 새들이 눈치 채지 못할 정도로 멀고, 숲에 상처를 남기지 않을 정도로 작습니다. 생물학자는 거기서 딱따구리 부부가 알을 낳고 새끼를 키워 세상으로 날려 보내기까지의 과정을 모두 지켜봅니다. 관찰과 기록에만 두세 달이 걸리는 작업입니다. 연구자의 소중한 시간과 노력은 말할 나위도 없겠고, 좋은 망원 렌즈와 고성능 카메라가 필요한 일이기도 하지요.

딱따구리가 태어나 홀로 날 수 있게 될 때까지의 과정이 생물학자는 왜 궁금할까요? 그 지식을 활용해 신약이라도 만들면 세상에 보탬이 될 수도 있기 때문일까요? 물론 생태계 전체를 헤아리는 관점에선 한 무리의 새도 우리의 삶과 무관하지 않을 것입니다. 하지만 생물학자는 그저 딱따구리가 좋아서 연구하려 했을 뿐입니다. 대상에 대한 관심과 애정, 그리고 거기서 비롯된 호기심이 연구의 계기였으며, 그 밖에 다른 목적은 없었습니다. 이런 연구를 국가가 시민의 세금으로 지원해야 할는지요?

2017년 1월과 2월, '전국 순회 과학정책 대화'가 네 차례 있었습니다. 과학정책을 경제논리로만 살펴선 안 된다는 데 많은 참석자가 공감했으며, 촛불집회를 지켜보고 과학기술계의 민주화 수준을 성찰하기도 했습니다. 마지막 토론회에선 헌법에 관한 논점도 제기되었지요. 헌법엔 과학이 두 번 등장합니다. 제2장(국민의 권리와 의무) 제22조 2항엔 '저작자·발명가·과학기술자와 예술가의 권리는 법률로써 보호한다'라 적혀 있습니다. 그리고 제9장(경제) 제127조 1항에 이런 이야기가 나옵니다. '국가는 과학기술의 혁신과 정보 및 인력의 개발을 통하여 국민경제의 발전에 노력하여야 한다.' 헌법에선 과학이 기술과 분리되지 않은 채 경제 발전을 위한 도구로 존재하는 것이었습니다.

정부도 기초과학을 지원하긴 합니다. 응용과학과 공학의 '기초'이기 때문입니다. 당장은 몰라도 언젠간 쓰일 수도 있으리란 판단이지요. 그럼 딱따구리를 좋아하는 생물학자의 연구는 어떨까요? 또 추상적 개념들 사이의 논리적 관계를 파헤치려는 수학자의 연구는 어떨까요? 그냥 궁금해서 하는 연구라며 지원을 요청할 순 없을까요? 냉정히 따질 때 먹고사는 일과 관련이 없을 게 분명하다면 말입니다. 과학기술자 공동체 내부의 토론이 필요함은 물론이고, 세금 내는 시민들과 소통하며 사회적 합의를 이뤄내야 할 문제라 여깁니다.

과학을 경제에 가두는 건 경제 발전을 위해서도 바람직하지 않습니다. 어디로 튈지 모를 자유로움이 창의적 과학 연구의 토양일 수 있기 때문입니다. 저는 딱따구리를 관찰하려 움막을 짓는 생물학자나 현실세계와 별 관련이 없는 개념을 탐구하는 수학자도 한국에 꽤 있으면 좋겠습니다. 멋진 작가나 예술가들처럼…. 과학은 사유방식이자 문화입니다. 합리적 소통을 가능하게 하고 인식의 지평을 넓힙니다. 과학을 기술에서 떼어내 이런 내용을 헌법에 담아보면 어떨까요?

이상적인 이야기처럼 들릴 수도 있겠습니다. 먹고사는 문제는 어렵고 자원은 유한하니까요. 그렇기에 더더욱 시민사회와 더불어 과학과 헌법에 관해 숙의할 필요가 있지 않겠나 싶습니다. 설령 같은 결론에 이르지 못한다 해도, 소중한 경험이 될 것입니다. 참고로 개헌은 시민적 합의의 과정이어야 합니다. 과학 관련 논점만 해도 이렇듯 간단치가 않습니다. 정치권에서 뚝딱 해치울 수 있는 일이 아닙니다.

과학기술인들의 헌법 이야기

왕에겐 백성이 하늘이고, 백성에겐 먹고사는 일이 하늘이란 이야기가 있습니다. 항우에게 밀리던 유방이 식량 창고인 오창을 포기하려 하자, 역이기酈食其가 유방한테 했다는 말입니다. 왕이 백성을 다스리던 옛날이나 시민이 정부를 세우는 오늘날이나 경제가 중요하긴 매한가지겠지요. 대한민국 헌법은 경제 조항을 제9장에 따로 두고 있습니다.

과학기술도 경제 발전의 중요한 도구입니다. 시민의 세금으로 지원되는 과학기술 연구가 경제 발전에 쓰이길 기대하는 것도 자연스러운 일입니다. 특히 국가 역량을 오로지 경제 성장에만 집중하던 1960~70년대의 상황에선 더더욱 그러했겠지요. 하지만 모든 게 경제에 예속되거나 경제만을 위해 존재할 순 없습니다. 과학기술도 마찬가지입니다. 그런데 과학기술을 보는 시선은, 대다수가 가난했던 60~70년대나, 그때완 비교할 수 없을 정도로 국가적 역량이 커진 지금이나 별로 달라지지 않았습니다.

과학기술은 경제 조항을 담은 헌법 제9장 127조에 다음과 같이 규정돼 있습니다. "①국가는 과학기술의 혁신과 정보 및 인력의 개발을 통하여 국민경제의 발전에 노력하여야 한다. ②국가는 국가표준제도를 확립한다. ③대통령은 제1항의 목적을 달성하기 위하여 필요한 자문기구를 둘 수 있다."

문재인 정부는 이른바 과학기술 컨트롤타워를 국가과학기술자문회의로 일원화했습니다. 국가과학기술자문회의는 헌법 127조 3항(과 1항)에 따라 설치된 기구로서 대통령이 의장입니다. 컨트롤타워가 총리급에서 대통령급으로 격상되는 것이니, 그만큼 정부가 과학기술을 중요하게 여긴다는 뜻이겠지요. 하지만 과학기술을 여전히 경제 발전의 도구로만 본다는 게 문제입니다. 국가과학기술자문회의의 설치 근거인 헌법 127조 1항에 그렇게 씌어 있으니 말입니다.

헌법은 법률의 토대입니다. 과학기술 관련 법률도 헌법 127조에 담긴 과학기술의 개념에 의존할 수밖에 없습니다. 이를테면 〈과학기술기본법〉의 목적은 이러합니다. "이 법은 과학기술 발전을 위한 기반을 조성하여 과학기술을 혁신하고 국가경쟁력을 강화함으로써 국민경제의 발전을 도모하여 국민의 삶의 질을 높이고 인류사회의 발전에 이바지함을 목적으로 한다." 그 밖의 과학기술 관련 법률들은 다 〈과학기술기본법〉의 목적에 따라 제·개정하도록 돼 있습니다. 헌법의 경제 조항인 127조 1항이 과학기술에 관한 모든 법률적 장치의 뿌리인 셈입니다.

과학기술엔 경제 발전뿐 아니라, 사회문화의 진보나 환경 보전 등 다양한 활용성이 있습니다. 그러니 과학기술을 경제에 가둔다면 그 무궁무진한 활용 가능성을 억압하는 일이 될 것입니다. 나아가 과학은 사유방식입니다. 합리적이고 비판적인 민주공화국 시민의 덕목이라 할 수 있지요. 문화로서 과학은 세계에 대한 인식의 지평을 넓혀주기도 합니다. 과학기술을 경제 발전의 도구로만 여겨선 안 되는 까닭입니다.

2017년 가을, 생물학연구정보센터가 과학기술인들에게 헌법 개정에 관해 물었습니다. 모두 2280명이 설문에 참여했는데, 헌법 127조 1항의 삭제나 개정이 필요하다고 답한 이들이 70%가 넘었다 합니다. 사단법인 '변화를 꿈꾸는 과학기술인네트워크ESC'도 회원 설문과 토론을 거쳐 127조 1항의 삭제를 요구하기로 하였습니다. 아울러 학술 활동과 기초 연구를 장려할 의무가 국가에 있음을 명문화해 총강에 두자는 제안도 덧붙였습니다. ESC의 개헌안은 시민 1007명의 서명과 함께 국회와 정부에 제안되었습니다. 2018년 2월의 일입니다.

과학기술을 과학과 기술로 분리해야 할지 등 따져봐야 할 논점이 더 있습니다만, 우선 127조 1항의 삭제를 바라는 과학기술인들의 목소리부터 이렇게 전합니다.

트랜스젠더 건강 연구와 크라우드펀딩

2016년 3월 25일, 대만 정부는 천재 프로그래머인 오드리 탕을 디지털 총무 정무위원으로 임명했습니다. 서른다섯 살 청년이 디지털 부문을 총괄하는 장관이 된 것이지요. 그는 대만의 최연소 장관일 뿐만 아니라 최초의 트랜스젠더 장관입니다. 스물네 살 때 자신의 성을 남성에서 여성으로 바꾼 트랜스 여성이라 합니다.

1년 뒤인 2017년 3월 25일, 고려대학교 보건과학대 김승섭 교수팀은 새로운 연구과제의 시작을 알립니다. 한국 트랜스젠더 건강에 관한 연구입니다. 연구자들은 의료보험 사각지대에서 힘겹게 일상을 이어가는 트랜스젠더들의 건강 현실을 분석하겠다 했습니다. 참고로 영국과 덴마크 등 32개 국가에서는 호르몬 요법은 물론이고 성전환 수술 비용까지 국가건강보험 같은 공공의료 체계를 통해 지원하고 있습니다.

연구자는 대개 정부나 공공재단, 기업의 후원을 받습니다. 그런데 사회적으로 중요한 의미를 지니면서도 국가나 기업이 연구비를 대기가 여의치 않은 과제도 있습니다. 사업성을 먼저 따질 수밖에 없는 기업이나 소수자 문제를 중요하게 여기지 않는 현 정부 정책의 한계를 떠올리면, 트랜스젠더 건강 연구가 그런 사례가 아닌가 싶습니다. 김승섭 교수의 트랜스젠더 건강 연구는 국가의 지원을 받지 못했습니다. 김 교수는 시민들에게 직접 호소해보기로 하였습니다.

마침 '변화를 꿈꾸는 과학기술인 네트워크ESC'도 크라우드펀딩 연구 지원 시스템을 준비하고 있었습니다. 시민이 원하는 연구과제를 시민이 직접 후원하는 대안적 방식입니다. 펀딩을 추진할 뿐 아니라 연구과제를 평가해 그 내용을 공개할 계획도 세워두었지요. 결과 중심의 정량적 평가가 아니라 성실한 실패를 인정하는 과정 중심의 정성적 평가가 이뤄질 것입니다. 김승섭 교수를 포함한 연구자 다섯 명의 트랜스젠더 건강 연구는 이렇게 해서 ESC 크라우드펀딩 1호 과제가 되었습니다.

연구비는 2000만 원이고, 목표 모금액은 1000만 원이었습니다. 부족분은 ESC가 특별 기부금을 받아 충당하기로 하였고요. 크라우드펀딩은 2017년 1월 25일부터 60일 동안 아홉 편의 글을 올리며 진행하였습니다. 그리고 3월 25일, 시민 438명의 후원으로 1600여 만 원을 모금하며 목표를 164% 초과달성하기에 이릅니다. 감동적인 경험이었습니다. 공공적 성격의 연구가 시민의 지원으로 가능해졌으니 말입니다.

트랜스젠더는 성전환 수술을 원하거나 받은 사람만을 뜻하지 않습니다. 자신이 느끼는 성과 타고난 생물학적 성이 다른 사람을 모두 일컫습니다. 성전환 수술을 원하지 않는 이들도 있고, 또 자신의 성을 어느 하나로 정의하지 않는 젠더퀴어도 있습니다. 펀딩 과정을 지켜보며 그동안 제가 트랜스젠더에 관해 너무도 몰랐음을 알게 되었습니다. 호르몬 요법이나 성전환 수술 관련 경험이 부족한 의료현실, 의료보험 보장의 부재, 성별 수정에 앞서 성전환 수술을 강요하는 제도, 트랜스젠더 청소년들이 학교에서 겪어야만 하는 일상적 고통….

대만의 사례는 부럽습니다. 하지만 우리가 트랜스젠더의 삶에 관심을 기울이는 건 단지 뛰어난 트랜스젠더가 활약할 수 있길 바라기 때문만이 아닙니다. 더 중요하게는, 동료 시민이 소수자라는 이유로 고통받아선 안 될 것이기 때문입니다. 그런 정의로운 세상을 원합니다. 시민의 힘으로 트랜스젠더 건강 연구가 시작되는 모습을 지켜보게 돼 기쁩니다. 앞으로 이런 연구는 정부가 지원해줄 수 있으면 좋겠습니다.

연구는 잘 끝났고, 그 성과는 논문 출판 등을 통해 공개되었습니다. 2018년 5월엔 『오롯한 당신』이란 제목의 책에 담겨 크라우드펀딩에 참여한 시민들에게 전해진 바 있기도 합니다.

다양성 보고서를 만들자!

2017년 9월에 발표된 《서울대 다양성 보고서 2016》을 살펴봤습니다. 학부생과 대학원생의 여성 비율이 각각 40.5%와 43.2%로 나와 있더군요. 여성 전임교원 비율은 15.0%입니다. 그런데 비전임 전업 교원·연구원 중엔 57.6%가 여성이었습니다. 요컨대 여성 전임교원은 매우 부족하고, 여성 비전임 교원·연구원은 외려 남성보다 많다는 역설적인 상황이 전개되고 있는 것입니다. 공과대학은 여성 학부생과 대학원생 비율이 15.5%와 16.5%, 여성 교원 비율이 3.2%에 불과하다 합니다.

서울대에서 학부 과정을 마친 서울대 교수는 전체 한국인 전임교원의 84.8%에 해당합니다. 이른바 타교 학부 출신 교수가 15.2%에 지나지 않는다는 이야기지요. 15.2는 우연인지 필연인지 여성 전임교원 비율인 15.0과 아주 가까운 숫자입니다. 여성 교수와 타교 학부 출신 교수는 그렇게 교수사회의 소수자로 남아 있습니다. 15.0%는 문제지만 15.2%는 어쩔 수 없다 여기는 서울대 사람들도 없진 않을 것입니다. 그런 분들에겐 고등학교 성적과 표준적 입시 결과 하나로 어떻게 개인의 잠재력을 한 번에 평가할 수 있는지 되묻고 싶습니다. 상황은 다른 대학이라고 해서 크게 다르지 않습니다. 교육부가 2014년에 제출한 국정감사 자료에 따르면, 연세대와 고려대의 모교 출신 교수 비율은 2013년 4월 1일을 기준으로 각각 73.9%와 58.6%에 이른다고 합니다.

박은정 교수가 화제입니다. 클래리베이트 애널리틱스(옛 톰슨 로이터)가 선정한 세계 상위 1% 연구자HCR에 2년 연속 이름을 올렸기 때문입니다. 박 교수는 경력 단절 주부로서 마흔을 넘겨 박사학위를 받은 계약직 연구교수였습니다. 박 교수 사연을 소개한 기사의 제목엔 박은정이란 이름 대신 '경단녀 박사'란 표현이 등장하고, 기사는 '흙수저 출신…'이란 말로 시작됩니다. 온갖 좋은 조건에서 엘리트 코스를 밟아온 연구중심대학 교수도 하기 어려운 일을 그런 이력의 소유자가 성취해냈다는 건 감동적인 소식이었지요. 이 사실이 알려지자 카이스트와 경희대가 박은정 교수에게 정규직 교수 자리를 제안했고, 박 교수는 경희대를 선택했다 합니다.

이런 이야기가 역경을 극복한 개인의 아름다운 성공담에 머물지 않기를 저는 바랍니다. 그 안에 여성 연구자, 이른바 명문 대학을 나오지 못한 연구자, 비정규직 연구자들의 문제가 다 들어 있기 때문입니다. HCR에 두번이나 선정될 정도면 상위 1%가 아니라 0.01~0.1%는 될 거란 소리도 들립니다. 그런 학자에게 안정적으로 연구할 자리가 주어지지 않는다는 건 정말 말이 안 되는 상황이라 해야겠지요. 하지만 그렇게 특별히 뛰어난 연구자라야 출산과 육아 등의 부담이나 사회적 편견을 극복할 수 있다면, 그것도 정의롭지 않은 현실이긴 매한가지라 여깁니다.

여성 전임교원을 늘리자는 주장은 성비를 억지로 맞추자는 게 아닙니다. 기울어진 운동장에서 부자연스럽게 왜곡된 숫자를 자연스럽게 되돌리자는 이야기입니다. 운동장 바로 세우는 일을 더불어 해야 함은 물론입니다. 운동장 안에 가만히 있으면 그게 기울어져 있음을 알기 어렵습니다. 여성이나 타교 출신 교수 비율 등을 의식적으로 살필 필요가 그래서 있습니다. 국내 대학으론 처음 발표된《서울대 다양성 보고서》가 반가운 까닭입니다. 보고서에 나온 숫자들은 좀 걱정스러워도 말입니다. 다른 대학들도 다양성 보고서를 만들기로 하면 좋겠습니다. 문제를 인식하는 게 먼저니까요.

다양성이 곧 힘입니다

연구소에서 대학으로 직장을 옮기게 되었을 때 기대에 부풀었던 기억이 납니다. 다양한 분야의 학자들이 모여 함께 공부하는 장면을 상상했기 때문입니다. 좁은 전공 영역 밖으로 한 발짝만 나가도 주변의 교수들이 제겐 다 선생일 테고, 그래서 대학은 정말 지적 자극이 넘치는 곳이라 여겼지요. 실제로 공대의 또래 교수 몇 명과 최적화 세미나를 하기도 했습니다. 청년 교수 세미나였다 할 수도 있겠네요. 다들 바쁜 탓에 곧 중단되고 말았습니다만, 흥미로운 경험이었습니다. 수학과에서 미분기하학을 청강하며, 머리를 쥐어짜기도 하였습니다. 과학철학 강의는 즐겁게 들었습니다. 시간이 좀 더 흐른 뒤의 일이긴 합니다만, 고 이오덕 선생님의『우리글 바로쓰기』같은 책을 읽으며 한국어 문장 쓰기에 관해 함께 고민한 이들도 있었지요. 글쓰기 교육에 대한 관심이 계기였습니다. 다양성이 곧 힘입니다. 물론 대학에만 해당하는 이야기는 아니겠습니다만, 학문의 전당인 대학에선 더욱 그러하다 해야겠지요. 연구를 교육에서 분리하고 선택과 집중만을 추구하는 것은 바람직하지 않습니다. 작은 규모의 특성화 대학이 아니라면 말입니다. 특정 분야를 전략적으로 육성할 순 있겠습니다만, 그게 학문의 다양성을 훼손하는 결과로 이어져선 곤란하다 싶습니다. 지나치게 정량적인 대학 평가 시스템으로 말미암아 평가에 불리한 학문 분야가 축소되거나 사라질까 걱정스럽기도 합니다. 학생들에겐 선택의 자유를 제한하는 셈이 될 것입니다.

사랑과 섹스, 결혼 그리고 정명

논리적 소통의 출발은 올바른 이름 짓기입니다. 같은 단어를 서로 다른 뜻으로 사용하면 제대로 소통할 수 없겠지요. 관련은 있지만 의미의 층위가 다른 낱말들을 섞어 쓰는 바람에 생산적인 토론에 이르지 못하고 소모적인 논쟁에 빠지는 경우도 자주 봅니다. 대선 후보들의 토론도 예외는 아니었지요. 동성애 관련 논란이 그러했습니다.

동성애 동성결혼 법제화에 반대하는 기독교계에서 각 대선 후보 캠프에 동성애 동성결혼에 관해 어찌 생각하는지 물었습니다. 반대 의견을 끌어내려 했음은 물론입니다. 하지만 그건 잘못된 질문이었습니다. '동성애'와 '동성결혼 법제화'를 묶어서 이야기하고 있기 때문입니다. 사랑과 결혼이 무관하진 않지만, 사랑하면 결혼해야 한다거나 결혼할 수 없으면 사랑해선 안 된다 할 순 없겠지요.

동성결혼 법제화에 반대하는 건 논리적으론 가능한 일입니다. 그렇지만 동성애는 찬성이나 반대의 대상이 아닙니다. 사랑이라는 감정에 어떻게 반대할 수가 있겠습니까? '동성애를 반대한다'는 표현이 제겐 '네모가 동그랗다'처럼 들립니다. 형용모순이지요. 저 같은 이성애자들에겐 기껏해야 '나는 그런 감정을 이해하기 어렵다' 정도가 객관적 상황 아닐까요? 자신과 다르다는 이유로, 또 자신이 잘 모른다는 이유로, 동성애나 동성애자에 반대할 수는 없는 노릇입니다. 미국 정신의학회는 40여 년 전에 이미 동성애가 질병이 아니라고 선언한 바 있습니다.

동성결혼 법제화는 찬반의 대상이 아닌 동성애와 분리해 따져야 할 사안입니다. 동성 커플이 부부로 인정받지 못해서 생기는 문제가 구체적으로 뭘까요? 그런 걸 살펴야 찬성이든 반대든 근거를 가지고 할 수 있지 않을까요? 갑자기 수술을 받아야 하는데 법적인 부부가 아니라서 수술동의서를 써줄 수 없다거나, 전세자금 대출이나 국민연금을 공유할 수 없다거나 하는 어려움을 하나하나 헤아려보면 어떨까요? 일상적 삶의 구체적 문제를 해결할 법률적 장치에 관한 이야기라 할 수도 있지 않을까요?

사랑과 결혼뿐 아니라 사랑과 섹스도 분리해야 할 논점입니다. 사랑이 늘 섹스를 뜻하진 않겠고, 또 사랑 없이 강요된 섹스도 있을 수 있으니까요. 뒤엣것은 명백한 범죄입니다. 돼지흥분제를 사용한 강간 시도나 공모가 바로 그런 사례입니다. 사랑은 찬반의 대상이 아닌 감정이니 반대하거나 금지할 수 없습니다. 다만, 섹스는 때에 따라 문제가 될 수 있습니다. 이를테면 공공장소에서 성행위 같은 걸 하는 이들을 옹호할 순 없겠지요. 단체

생활을 하는 병영에서도 섹스를 허용하긴 어렵겠고요.

군대 내에서 허용하지 않기로 합의할 수 있는 건 섹스지 사랑이 아닙니다. 저는 '군대 내 동성애 금지'라는 표현이 부적절하다고 봅니다. 하지만 '군대 내 성행위 금지'엔 동의할 수 있습니다. 이성끼리든 동성끼리든 말입니다. '군대 내 성행위 금지'를 '군대 내 동성애 금지'라 일컫는 건 정확하지 않을 뿐만 아니라 옳지도 않습니다. 형용모순이자 차별적 표현이기 때문입니다. 다시 정명正名을 생각합니다.

세계에서 자살률이 가장 높은 나라인 대한민국에서 성소수자의 자살 시도 비율이 일반 인구의 열 배에 가깝다는 연구 결과도 있습니다. 암울한 숫자입니다. 소수자가 차별당하지 않고 차이와 다양성이 존중받는 정의로운 세상을 꿈꿔봅니다. 문재인 정부가 그 주춧돌을 놓을 수 있기를 기대합니다.

제주 오름에 올라 4·3을 추념하다

2015년은 제주대학교에서 연구년을 보냈습니다. 제주의 풍경은 언제 봐도 아름답지요. 하지만 제주의 4월을 마냥 아름답다고만 하긴 어렵습니다. 제주의 4월이 좀 특별하기 때문입니다.

용눈이오름을 거쳐 다랑쉬오름에 올랐습니다. 작은 굼부리(분화구) 세 개를 품은 용눈이오름의 곡선은 마치 부드러운 물결 같았습니다. 우아했습니다. 다랑쉬오름은 굼부리가 웅장했습니다. 분화구의 깊이는 백록담만큼이나 되고 둘레는 무려 1500미터에 이른다 합니다. 그 옆에 나지막이 자리를 잡고 있는 아끈다랑쉬오름에선 허리까지 오는 황금빛 억새들이 온갖 춤을 추며 저를 받아주었습니다.

다랑쉬마을은 1948년 11월 무렵 토벌대의 초토화 작전으로 불에 타 사라집니다. 마을 근처의 다랑쉬굴엔 피난민들이 은신

다랑쉬오름과 아끈다랑쉬오름

하고 있었습니다. 12월 18일, 토벌대는 밖에서 불을 피워 이들을 모두 질식사시킵니다. 11명의 희생자 중엔 50대 여성과 아홉 살 난 어린이도 있었다고 합니다. 비극의 다랑쉬굴은 1992년에야 발견되는데, 같은 해 현장 조사가 끝나자 봉쇄되고 맙니다. 지금은 모형으로만 남아 어두운 4·3평화기념관 안에 갇혀 있습니다. 이 모든 일을 다랑쉬마을 근처의 오름들이 다 지켜봤을 것입니다. 푯말이 없었다면 학살의 현장이었음을 알지 못했을, 봉쇄된 다랑쉬굴 앞에서 잠시 생각에 잠겼습니다. 가슴이 저렸습니다. 역사까지 함께 묻힌 듯하여 마음이 더 아팠습니다.

바굼지오름(단산)과 송악산을 거쳐 섯알오름에 올랐습니다. 송악산 서쪽의 알오름이라 해서 섯알오름이라 불리는 이 작은 오름은 일제강점기와 4·3의 상처를 온몸으로 겪었습니다. 주위엔 80만 평이나 된다는 알뜨르 비행장 터가 있는데, 일제가 지은 격납고가 지금도 남아 있습니다. 일제는 섯알오름에 고사포 진지와 탄약고를 만들었고, 해방 후 미군은 이 탄약고를 폭파했습니다. 그리고 한국전쟁이 한창이던 1950년 8월 섯알오름 탄약고 터에서 예비검속으로 수감됐던 주민 195명이 집단 처형되었습니다. 참혹한 일이었습니다.

4·3평화기념관에 가보았습니다. 제일 먼저 마주한 건 누워 있는 백비였습니다. 비석이긴 하되 아직 아무 글도 새기지 못해 백비라 한답니다. 무려 반세기 동안 언급조차 할 수 없었던 4·3사건은, 21세기 들어 4·3특별법 제정과 진상조사보고서 채택, 노무현 대통령의 사과, 특별법 개정과 국가추념일 지정 등

섯알오름 학살터

을 거치며 비로소 역사가 되었습니다. 〈제주4·3사건 진상규명 및 희생자 명예회복에 관한 특별법〉에선 4·3을 '(경찰의 발포 사건이 있었던) 1947년 3월 1일을 기점으로 1948년 4월 3일 발생한 소요사태 및 1954년 9월 21일까지 제주도에서 발생한 무력충돌과 그 진압 과정에서 주민들이 희생당한 사건'으로 규정하고 있습니다. 그렇지만 4·3은 여전히 제 이름을 찾지 못한 채 아직 사건으로 남아 있습니다.

4·3의 역사적 평가는 공학자인 제 능력 밖의 일인지도 모르겠습니다. 하지만 이미 확인된 사실도 있습니다. 이를테면 인명피해가 2만 5000에서 3만 명에 이르며 이 가운데 80% 이상의 희생자가 토벌대의 진압 과정에서 발생했다는 건 역사적 사실입니다. 아울러 1948년 4월 3일 무장봉기 때 동원된 무장대원은 500명을 넘지 않았다 합니다. 2만 5000에서 3만 사이의 숫자를 500에 견주면, 4·3이 국가권력의 양민 학살이었음은 어렵지 않게 추론할 수 있습니다. 설령 그 시작이 폭동이었다 해도 말입니다. 4·3은 제주의 비극일 뿐 아니라 대한민국의 아픈 현대사입니다. 너무도 아름다운 제주의 오름에 서서 제주를 살아낸 모든 분께 경의를 표합니다.

탈원전의 쟁점과 공학자의 시선

시민이자 공학자로서 저는 탈원전이 궁극적으로 필요함을 주장하려 합니다. 원자력은 위험부담이 크기 때문입니다. 그렇지만 동시에 탈원전이 쉽지만은 않다는 사실도 말하려 합니다. 현실을 고려하지 않을 순 없는 까닭입니다. 우선 제어기 설계 과정을 둘러싼 일화를 하나 소개합니다.

저 같은 제어공학자는 늘 제어대상의 불확실성에 주목합니다. 제어의 목표가 바로 그런 불확실성에 대응하는 것이지요. 제어대상이 불확실하게 변하는데도 불구하고 시스템이 안정하게 잘 작동할 때, 제어공학에서는 그런 시스템을 강인하다고 일컫습니다. 강인한 시스템은 민감도가 낮습니다. 전체 시스템의 안정성과 성능이 제어대상의 불확실성에 얼마나 크게 의존하는지를 나타내는 지표가 민감도기 때문입니다. 강인한 제어기는, 이를테면, 이 민감도 값을 가장 작게 만드는 방식으로 설계할 수 있습니다. 어떤 제어공학자가 이렇게 설계한 제어기의 변수들을 동료공학자에게 전자메일로 전했다고 합니다. 변수를 전달받은 공학자는 확인 삼아 똑같은 조건에서 다시 모의실험을 해보았습니다. 그러자 이상한 일이 벌어졌습니다. 제어시스템이 불안정하게 작동했던 것입니다. 모의실험의 대상이 그리 복잡하지도 않았기에 놀라움은 더 컸습니다. 이는 전혀 의도하지 않았던, 아니 의도와는 정반대의 결과였지요. 수학적 분석을 통해 원인이 밝혀졌습니다. 제어대상의 불확실성에 대해 강인하게 설계된 제어시스템이 막상 제어장치의 변화에 대해서는 아주 민감하게 돼 버린 탓이었습니다. 변수들이 전자메일로 전달되면서 컴퓨터에 원래 저장돼 있던 값들과 아주 미세하게 달라졌고, 이렇게 작은 양적인 차이가 안정성과 불안정성이라는 질적인 차이를 낳았던 것입니다. 의도했던 (제어대상에 대한) 강인성robustness과 의도하지 않았던 (제어장치에 대한) 민감함fragility, 이 둘은 동전의 양면이었습니다. 이렇게 의도하지 않은 결과가 생기는 것을 과학기술자들은 각자의 분야에서 일상적으로 겪습니다.

◈

원자력발전소(원전)는 얼마나 안전할까요? 세상 사람들을 충격에 빠뜨렸던 2011년 3월의 후쿠시마를 떠올리면, 원전이 위험하다는 건 분명해 보입니다. 더구나 후쿠시마의 재앙은 지금도 계속되고 있지요. 하지만 원전을 안전하게 관리할 수 있다고 생각하는 사람들은 후쿠시마 사고를 있을 수 없는 극단적 사태로 여깁니다. 경험은 쌓이고 기술은 진보해, 그런 사고가 적어도 앞으론 일어나지 않을 걸로 내다보기 때문입니다. 치명적 사고는 진짜 막을 수 있는 걸까요? 아니면 그런 일이 또 생길 수도 있는 걸까요?

원전의 원리는 고전적입니다. 핵반응으로 얻은 열로 물을 끓여 수증기를 만들고, 그 압력으로 터빈을 돌려 교류전기를 만들어내는 것이지요. 뜨거워진 물은 냉각돼 다시 원자로로 보내집니다. 핵반응을 연쇄적으로 일으켜 일정한 열에너지를 얻으려면, 핵연료의 2~5%를 구성하는 우라늄 235가 중성자와 충돌하며 분열을 계속해야 합니다. 핵분열 과정에서 중성자도 함께 나오는데, 이 중성자가 다른 우라늄 235와 부닥쳐 또 다른 핵분열을 일으킵니다. 따라서 원전에서 생산하는 에너지의 크기, 즉, 발전소의 출력은 이러한 연쇄 반응에 참여하는 중성자의 수에 따라 결정됩니다. 이를테면, 중성자를 흡수하는 제어봉을 원자로 안으로 더 깊이 밀어 넣거나 냉각수 속 붕산의 양을 늘리면, 우라늄 235가 중성자를 덜 흡수하게 되어 발전소의 출력은 낮아지지요. 핵분열을 안정한 상태로 유지하는 데는 냉각수도 한몫합니다. 원자로가 과열되면 냉각수 온도가 올라갑니다. 그러면 물 분자의 밀도가 낮아져 중성자의 감속 효과는 떨어지고, 그 결과 핵분열의 반응도가 낮아져 원자로 온도는 다시 내려가게 됩니다. 원전의 출력을 안정하게 유지하는 일은 제어공학적으로 그리 어려워 보이지 않습니다.

원전은 거대하고 복잡한 시스템입니다. 여러 제어장치들이 디지털 논리 신호와 아날로그 신호를 주고받으며 상호작용하지요. 이를테면, 한국의 가압수형 원전은, 원자로 냉각재 온도 제어, 제어봉 구동, 급수 제어, 가압기 압력·수위 제어 등, 여러 제어 계통이 연동돼 있습니다. 이렇게 복잡하게 구성된 시스템이 제대로 작동하려면, 수많은 부품과 케이블, 원자로나 배관의 용접 부분 등에 흠이 없어야 할 것입니다. 하지만 모든 기계 장치에는 늘 고장의 가능성이 있습니다. 잘못된 신호들이 오갈지도 모릅니다. 또 시간이 흐르면 온전했던 부품이 부식되기도 합니다. 지금은 폐쇄된 고리 1호기의 재가동을 앞두고는 원자로의 연성-취성 천이온도가 높아졌는지가 논란이 되기도 하였습니다. 금속의 연성-취성 천이온도란 휘어지는 특성인 연성과 깨지는 특성인 취성의 경계가 되는 온도를 말합니다. 원자로의 연성-취성 천이온도가 높아졌다는 건, 비상사태 때 그만큼 온도가 높은 냉각수를 사용해야 함을 뜻하지요. 냉각수 온도가 천이온도보다 낮으면 원자로가 깨지기 때문입니다.

◈

시스템의 구성 요소가 많아지고 이들의 상호작용이 긴밀해지면, 역설적이게도 상황을 예측하긴 더 어려워질 수 있습니다. 예를 하나 들어봅니다. 옛날 자동차는 구조가 그리 복잡하지 않았습니다. 앞뚜껑(보닛)을 열면 땅바닥까지 볼 수 있을 정도로 공간에 여유가 많았지요. 컴퓨터로 엔진을 제어하는 지금의 자동차는 기계적 구조도 아주 복잡해졌습니다. 온갖 장치들이 빽빽하게 자리를 잡고 있어 앞뚜껑을 열어도 땅바닥이 전혀 보이지 않습니다. 성능을 견주자면, 옛날 자동차는 지금의 자동차를 따라올 수 없을 것입니다. 그런데 모든 면에서 좋아지기만 한 걸까요? 수동변속기를 장착한 옛날 자동차에선 급발진 사고가 눈에 띄지 않았답니다. 반면에 지금은 그런 사고가 이따금 발생합니다. 놀랍게도 사람들은 아직 급발진 사고가 언제 어떻게 일어나는지 정확히 알지 못하기도 합니다. 컴퓨터 제어와 관련한 오작동이 원인이라는 주장도 나오지만, 논란은 여전하지요. 컴퓨터 제어의 적용이 확대되고 시스템이 더 복잡해졌다는 사실과 무관한 문제는 아닐 것입니다.

컴퓨터 소프트웨어도 완벽하진 않습니다. 프로그램이 멈춰서는 일은 일상적으로 일어나고, 심지어 운영체제 자체가 먹통이 되기도 합니다. 윈도우 사용자들이 과거에 왕왕 겪었던 이른바 '공포의 블루 스크린'도 윈도우라는 운영체제가 작동하지 못할 때 나타나는 현상이었습니다. 기계나 컴퓨터 프로그램이 애초 설계대로 완전하게 움직일 거라는 보장은 어디에도 없습니다. 수학자와 컴퓨터 과학자들은 복잡한 시스템의 무오류성이나 무모순성이 일반적으로 증명되지 않음을 이미 증명한 바 있습니다. 과학기술자들의 노력으로 기계 시스템은 진보하지만, 인간과 컴퓨터와 복잡한 기계가 결합한 거대 기술시스템은 결코 완전한 존재일 수 없습니다.

상황이 외려 더 나빠졌을 거란 이야기는 물론 아닙니다. 원전에서 일어날 수 있는 사고의 종류와 그 발생 가능성은 설계 과정에서 모두 정량화한다고 합니다. 사고로 말미암은 영향도 고려합니다. 이른바 확률론적 안전성 평가PSA, Probabilistic Safety Assessment 기법이 사용됩니다. 이런 기법을 꼼꼼하게 적용하고 안전망을 다중적으로 구축하게 되면서, 지금의 원전은 과거보다 더 안전해졌을 것입니다. 하지만 거대 기술시스템의 모든 상황을 다 예측하는 일, 게다가 그 발생 확률까지 정확히 계산하는 일은 일반적으로 가능하지 않습니다. 후쿠시마에서와 같은 재앙이 한국에서 생겨날 가능성은 그리 커 보이지 않지만, 그런 사고가 일어나지 않으리란 보장을 하기는 어렵지 않겠나 싶습니다.

◈

치명적인 사고만 일어나지 않는다면, 그럼 우린 괜찮은 걸까요? 아주 현실적인 문제가 뒤를 따릅니다. 바로 방사성 폐기물입니다. 핵폐기물은 방사능 농도에 따라 고준위 폐기물과 중·저준위 폐기물로 나뉩니다. 한국에서 나오는 고준위 폐기물은 모두 폐연료봉(사용후 핵연료)이며, 그 밖의 모든 방사성 폐기물은 중·저준위 폐기물로 분류됩니다. 폐기물은 기본적으로 땅속 깊은 곳에 안전하게 가둬야 합니다.

한국 정부는 1986년부터 중·저준위 방사성 폐기물 처분장(방폐장) 후보지를 선정하려 했습니다. 2003년 부안에서는 방폐장 유치를 둘러싸고 전쟁을 방불케 하는 엄청난 갈등이 벌어지기도 했지요. 주민 160여 명이 사법처리 됐고, 500명이 넘는 부상자가 나오기도 했습니다. 이런 아픔을 뒤로하고, 2005년에 들어서야 비로소 경주에 방폐장을 짓기로 할 수 있었습니다. 경주 방폐장은 2007년 11월에 착공돼, 2010년 12월에 처음으로 월성원자력환경센터의 폐기물을 반입하기에 이르렀습니다. 그러나 경주 방폐장과 관련한 논란은 계속되었습니다. 안전하지 않다는 비판 때문이었지요. 암반은 예상보다 부실했고, 지하수 침투 가능성도 제기됐습니다. 공사 기간도 두 번이나 연장되었고, 설계도 12차례나 바뀌었습니다. 그에 따라 공사금액도 계약 당시에 견줘 두 배 가까운 수준까지 급증했다 합니다.

사정이 이러한데, 중·저준위 폐기물보다 훨씬 더 위험한 고준위 폐기물은 대체 어디에 처분할 수 있을까요? 게다가 고준위 폐기물은 수만 년을 넘어 수십만 년 동안 안전하게 저장해야 한답니다. 일부에서는 재처리를 통해 고준위 폐기물의 부피와 저장 기한을 줄일 수 있다고도 하지만, 설사 이 논리를 받아들인다 해도 위험하기 짝이 없는 물질을 땅속 깊이 안전하게 아주 오랫동안 묻어두어야 한다는 사실이 달라지는 건 아닙니다. 폐연료봉은 지금 원전의 수조 등에 임시로 보관돼 있는데, 이제 원전마다 그 공간이 거의 포화상태에 이르렀다고 합니다. 앞으로 중간 저장시설을 마련하고, 이어 수십만 년을 버틸 고준위 폐기물 영구 처분장을 지어야 할 것입니다.

2015년 6월 11일, '사용후 핵연료 공론화위원회'의 권고안이 공개됐습니다. 2051년까지 사용후 핵연료 처분시설을 마련해 운영하는 것이 핵심 내용입니다. 2020년까지 지하 연구소 부지를 선정해 처분 전 보관시설을 짓고 2030년부터 실증 연구를 시작하자는 제안도 들어 있습니다. 원전 불가피론자들뿐만 아니라 탈원전주의자들도 함께 놀란, 혁신적인 이야기였습니다. 원전 작업복 같은 중·저준위 방사성 폐기물 처분장 터를 선정하는 데만 19년이 걸렸음을 기억하기 때문입니다.

2051년까지든 2100년까지든 사용후 핵연료 영구 처분시설을 지어 안전하게 폐기물을 가두는 게 과연 가능한 일일까요? 지질학적으로 알맞은 자리를 찾을 수는 있는 걸까요? 답이 잘 안 보입니다. 눈을 한국 밖으로 돌려도 사정이 그리 크게 달라지진 않습니다. 지금 현재 영구처분장이 있는 나라는 하나도 없고, 핀란드와 스웨덴만 부지를 확보한 상태라 합니다. 방사성 폐기물을 이토록 오랫동안 완전히 가둬야 한다는 건, 그 자체로 엄청난 부담입니다.

◈

한국은 원전 의존도가 매우 높습니다. 한반도 남쪽의 좁은 지역에 2018년 현재 24기의 원전이 있습니다. 5기를 더 짓고 있기도 합니다. 설비 용량으론 세계 6위고, 원전 밀집도로는 단연 최고 수준입니다. 한국 원전의 설비 용량은 전체의 22% 정도고, 발전량 비중은 30%라 합니다. 설비 용량보다 발전량 비중이 더 큰 이유는 원전이 기저부하를 담당하기 때문입니다. 2008년에 나온 1차 국가에너지 기본계획에 따르면, 정부는 2030년까지 원전의 설비 비중을 41%, 발전량 비중을 59%로 확대할 계획이었습니다. 2014년 1월에 발표된 2차 국가에너지 기본계획에선 2035년의 원전 설비 비중이 41%에서 29%로 줄어듭니다. 후쿠시마 사고를 목격한 뒤였던 까닭입니다. 하지만 2035년의 29%는 2016년의 22%보다 더 큰 숫자입니다. 설령 원전 비중을 현재 상태로 유지한다 해도 지금보다 더 많은 전력을 원자력발전으로 공급해야만 합니다. 전력 수요가 해마다 늘어날 거로 전망하며 공급계획을 짜기 때문입니다. 1978년 고리 1호기가 처음으로 상업 운전을 시작한 이래 2017년 5월 문재인 정부가 들어설 때까지 대한민국은 원전 중심의 전력 정책을 한결같이 견지해왔습니다.

문재인 대통령은 탈원전 공약을 내걸고 당선되었습니다. 2017년 6월엔 고리 1호기 폐쇄를 결정했고, 10월엔 탈원전 로드맵을 발표했습니다. 신규 원전 6기의 건설 계획을 백지화하고 노후 원전의 수명 연장을 금지하기로 한 것입니다. 2015년에 수명이 연장돼 가동 중인 월성 1호기도 조기 폐쇄하기로 하였습니다. 로드맵대로라면 원전은 2022년에 28기까지 늘었다가 줄어들기 시작해 2038년엔 14기만 남게 될 거라 합니다. 신고리 3호기의 수명 만료 시점이 2075년이므로, 이른바 원전 제로 시대까진 60년쯤 남은 셈입니다.

탈원전은 궁극적으로 가야 할 길이라 여깁니다. 치명적 사고가 일어나는 상황을 가정하면 말할 것도 없고, 그런 일이 생기지 않더라도 우리와 미래 세대가 짊어지기에는 핵폐기물이라는 부담이 너무도 크고 위험하기 때문입니다. 그런데 안타깝게도 당위에서 해법이 나오지는 않습니다. 이건 딜레마에 가깝습니다. 독일의 경우를 예로 들며, 신재생에너지를 당장의 대안으로 내세울 수도 있을 것입니다. 독일은 2011년에 이미 신재생에너지 발전량의 비중이 전체의 20%

를 넘어섰고, 2050년에는 그 비중을 60%까지 높일 계획이라 합니다. 이에 반해 한국은 신재생에너지 발전량 비중이 2011년에 전체의 3.46%에 지나지 않았고, 2016년엔 5%였다고 합니다. 폐기물 에너지를 포함한 숫자입니다. 그러니 우리가 독일처럼 할 수만 있다면, 탈핵은 어렵지 않은 일이라 생각할 수도 있을 것입니다. 하지만 원전 의존도를 줄여야겠다는 의지의 차이만으로 모든 걸 설명할 수는 없습니다. 환경과 여건의 차이를 헤아리지 않을 순 없겠지요. 여러 나라의 계통이 서로 연결된 유럽과는 달리 한국의 전력망은 섬처럼 따로 떨어져 있습니다. 게다가, 이를테면, 한국의 바다 환경이 해상풍력발전에 얼마나 알맞은지도 의문입니다. 바람의 조건이 유럽만 못하다는 이야기도 들립니다. 탈원전의 가치와 더불어 그 현실적 한계도 함께 인식해야 해법이 보일 것입니다. 독일의 경험은 잘 참고해야겠지만, 무엇보다도 지금 여기 한국의 이야기를 한국의 데이터로 정교하게 풀어나가야 하지 않겠나 싶습니다.

2017년 12월에 제8차 전력수급기본계획이 발표되었습니다. 원전의 발전량 비중은 2017년에 30%, 2030년에 23.9%가 되리라 전망했습니다. 신재생에너지의 발전량 비중은 2017년에 6.2%, 2030년에 20%가 될 거라 합니다. 석탄의 발전량 비중은 2017년에 45.5%인데, 2030년엔 목표가 36.1%입니다. 온실가스와 (초)미세먼지의 문제를 헤아리면 석탄화력 발전의 비중을 줄이는 일도 중요합니다. 원전 의존도를 줄이기 위해 석탄 의존도를 키우는 식이 되어선 곤란하겠지요. 2017년 30%, 2030년

23.9%, 2078년 0%, 가능할까요? 탈원전 진영에선 너무 느리다 하는 이들도 있겠지만, 원전 불가피론자들에겐 여전히 비현실적으로 보일지도 모르겠습니다.

◈

저는 궁극적 탈원전을 주장합니다. '궁극적'이란 수식어를 붙인 이유는, 어떤 과정을 거쳐 언제쯤 원전 제로 시대에 이를 수 있을지 스스로 잘 가늠할 수 없기 때문입니다. 아울러 원전이 위험하다는 사실엔 공감하지만 원전 말고는 당장 별 대안이 없다고 판단하는 이들의 견해도 존중합니다.

당면한 에너지 문제 가운데, 탈원전에 동의하는지 그 여부를 떠나 함께 해결책을 모색할 수 있는 부분은 사실 꽤 많아 보입니다. 이를테면, 재벌은 민자발전사업에 참여해 전기를 팔아 돈을 벌고, 그러면서도 전기를 다시 사올 때는 원가에도 미치지 못하는 싼값을 치릅니다. 산업용 전기를 헐값에 제공하는 특혜는 70년대의 유산이지요. 기존 시설까지 교체해가며 전기난방을 하는 것도 참 이상한 일입니다. 열을 전기로 바꾸고 이걸 다시 열로 바꾸니 말입니다. 이것도 (최대 출력으로 일정하게 전력을 공급하는) 원전 중심의 에너지정책과 무관하지 않습니다. 한국은 2009년부터 2015년까지 최대 전력 수요가 발생한 시점이 여름에서 겨울로 바뀌었습니다. 난방부하가 냉방부하를 넘어선 탓입니다. 원전의 발전량 비중이 70%를 넘어서는 원전 대국 프랑스에서는 30% 이상의 가정에서 전기로 난방을 한다고 합니다. 유난히도 추웠던 2012년 2월, 프랑스는 13GW에 이르는 전기를 다른 나라에서 사와야 했습니다. 그리고 그 가운데 3GW는 이미 탈원전을 선언한 독일에서 가져온 것이었습니다. 유럽의 다른 나라에 주로 전기를 팔아왔던 프랑스로서는 예상하지 못했던 일이지요. 수급체계와 요금체계를 합리화할 필요가 있다는 데는 모두 어렵지 않게 합의할 수 있을 것입니다. 전력망 운영 체계를 효율적으로 구성하는 것도 마찬가지입니다. 이런 데 힘을 모으는 게 문제 해결의 첫 단계가 아닐까 싶습니다.

◈

일부에선 파이로 프로세싱 같은 재처리 기술과 고속증식로 등의 개발을 통해, 원전의 안전성 문제를 언젠가는 해결할 수 있을 거라 주장하기도 합니다. 또 다른 한편의 일부에선 신재생 에너지나 핵융합 관련 기술의 한계가 언젠가는 극복돼, 탈원전이 그다지 어렵지 않으리라 기대하기도 하지요. 이렇게 상반된 두 목소리에서, 저는 기술에 대한 낙관이라는 공통의 그림자를 봅니다. 이런 상황은 좀 역설적입니다. 낙관주의가 친원전의 논리적 근거이면서, 동시에 탈원전의 바탕이 되기도 하니 말입니다. 물론 과학기술의 혁신은 어느 쪽에든 다 중요한 방편입니다만, 과학기술을 바라보는 시선에도 논리적 일관성이 필요함을 느낍니다. 더욱이 (탈)원전은 과학기술만의 문제가 아닙니다. 원전과 관련한 공학적 논점을 이해하는 이성 못지않게 원전 지역 주민의 고통과 미래세대의 부담에 공감하는 감성도 지녀야 하기 때문입니다.

원전은 꺼지지 않는 불입니다. 우리가 쓸 전기에너지를 다 뽑아낸 뒤에도, 폐연료봉은 방사성 붕괴를 계속하지요. 그래서 지속 가능하지 않습니다. 탈원전의 필요성을 추론하는 건 어렵지 않습니다. 하지만 탈원전의 실현은 쉬운 길이 아닙니다. 현실적 한계를 정교하게 짚고, 멀리 보며 조금씩 뚜벅뚜벅 나아갈밖에요.

과학기술인 공동체 ESC

2015년 11월, 열여덟 명의 과학기술인이 모여 1박 2일 동안 '과학기술과 진보'를 주제로 이야기를 나눈 바 있습니다. 100여 일이 흐른 뒤인 2016년 3월 6일, 이들을 대표해 저는 동료들에게 다음과 같은 편지를 띄웁니다.

"시절이 참 엄혹합니다. 안녕들 하신지요? 봄은 어김없이 찾아왔건만, 대한민국은 후퇴를 거듭하고 있습니다. 지구 한편에선 인간과 기계의 공존을 고민하며 미래를 모색하려 하는데, 우린 상식마저 잘 통하지 않는 비상식의 시대를 살고 있는 듯합니다. 과학적 합리성이 설 자리도 물론 없습니다.

제 주변엔 이런 현실을 안타까워하는 과학기술인이 적지 않습니다. 과학적 사유방식과 합리성이 세상을 바꾸는 데 보탬이 되리라 여기는 사람들 말입니다. 하지만 조직화한 과학기술인

사회는 한가롭기까지 합니다. 심지어 문제의 일부가 되기도 하지요. (중략)

제대로 된 과학기술인 공동체가 있으면 좋겠습니다. 우리가 하십시다. 위에서 말씀드렸듯이, 과학기술인으로서 자신의 전문성을 살려 좋은 세상을 만드는 데 기여하고 싶어 하는 분들이 꽤 있습니다. 여러분처럼 말입니다. 모입시다. 이제 기존의 과학기술인 단체들을 비판하는 것에서 한 걸음 더 나아가 새로운 모임을 만들어야 할 때가 되었습니다. 과학기술의 합리적 사유방식과 자유로운 문화가 한국사회에 뿌리내릴 수 있도록 애를 써보십시다. 과학기술이 권력집단이나 엘리트만의 소유가 아니라 시민의 공공재가 될 수 있도록 다양한 대안적 과학기술 활동도 추진해볼 수 있을 것입니다. 아울러 시민사회와 연대하여 한국사회의 문제를 해결하고 지속가능한 미래를 설계하는 일에도 동참할 수 있으리라 여깁니다.

모임의 이름은 '변화를 꿈꾸는 과학기술인 네트워크'입니다. 영어 이름은 'Engineers & Scientists for Change'입니다. 약자는 한국어와 영어를 구별하지 않고 ESC라 하기로 하였습니다. … 과학기술자, 과학기술에 관해 고민하는 과학기술학자와 저술가, 과학기술 관련 교사와 문화·예술·언론인, 과학기술에 관심이 있는 시민의 집단지성을 저는 믿습니다. … 같이 가시지요."

이 편지를 보내고 다시 100여 일이 흐른 뒤인 6월 18일 ESC는 마침내 창립대회를 개최하기에 이릅니다. 그사이 100여 명의 창립회원이 모였습니다. 변화를 꿈꾸는 과학기술인들의 네트워크인 ESC (http://www.esckorea.org)는 이렇게 사단법인으로 그 첫걸음을 내딛게 되었습니다.

과학은 사유방식입니다. 권위에 맹종하지 않는 자유로운 시민의 덕목이기도 하지요. 반증 가능성을 인정하는 열린 자세, 데이터를 바탕으로 한 실증적 태도와 정량적 사고, 합리적 소통을 통해 발휘되는 집단지성…, 과학은 문화로서 한국사회가 한 단계 더 도약하는 데 꼭 필요한 토대라 여깁니다. 하지만 과학이 경제 성장의 도구로만 여겨졌던 곳에서 이런 과학 문화의 토대를 쌓는 건 시간이 걸리는 일입니다. 멀리 보며 한 걸음씩 갈 수밖에요.

과학기술의 공공성과 과학기술자의 사회적 책임도 핵심 논점입니다. ESC는 시민사회와 연대할 것이며, 크라우드펀딩을 통해 시민이 원하는 연구과제를 시민이 직접 지원하는 시스템도 구현해보려 합니다. 특히 청년 과학기술인의 인권과 연구환경 개선엔 지속적인 관심을 기울일 생각입니다.

ESC엔 다양한 사람들이 함께합니다. 같은 방향을 바라보지만, 다들 조금씩 다릅니다. 이렇듯 서로 다른 과학기술인들 사이의 적당한 거리와 긴장감이 우리의 힘입니다. 날카로운 논리 대결을 부드러운 언어로 펼치며 숙의하고 합의하는 소통 문화를 잘 가꿔가려 합니다. ESC의 새로운 도전, 지켜봐 주십시오.

과학은 더 나은 사회로 이끄는 공공재

ESC가 출범하고 11개월이 흐른 뒤인 2017년 5월, 저는 당시 〈블로터〉의 채반석 기자와 인터뷰를 하게 되었습니다. 〈블로터〉의 동의를 얻어 〈블로터〉에 실린 인터뷰 내용을 아래 옮깁니다. 이야기는 다음과 같은 ESC 선언으로 시작합니다.

1. 우리는 과학기술의 합리적 사유방식과 자유로운 문화가 한국사회에 뿌리내릴 수 있도록 노력한다.
2. 우리는 과학기술이 권력집단이나 엘리트만의 소유가 아니라 시민의 공공재가 될 수 있도록 다양한 대안적 과학기술 활동을 추진한다.
3. 우리는 과학기술을 통해 시민사회와 연대하여 한국사회의 문제를 해결하고 지속가능한 미래를 설계하는 일에 동참한다.

채: 참으로 멋진 선언문이 아닌가요? 위 선언문은 '변화를 꿈꾸는 과학기술인 네트워크ESC'라는 단체가 출범하면서 내걸었던 가치를 집약하고 있습니다. 과학기술계의 다양한 사람이 모인 ESC는 2016년 6월 18일에 위와 같은 선언을 하고, 다양한 활동을 이어오며 과학기술의 합리적 사유방식과 문화가 한국에 뿌리내릴 수 있도록 노력해오고 있습니다. 윤태웅 ESC 대표를 만나 ESC의 1년을 돌아보고, 과학기술의 공공성과 과학기술의 합리적 사유방식에 관해 들어봤습니다.

윤: 2015년 11월 20·21일, 제주에서 '과학기술과 진보'라는 주제로 워크숍이 열렸습니다. 저를 포함해 18명의 과학기술인이 함께한 자리였습니다. 거기서 저는 '좋은 세상을 숙고하는 과학기술자'라는 제목으로 짧은 발표를 하며, 소속돼 있는 것만으로 자긍심을 느낄 수 있는 과학기술자 단체가 생기면 허드렛일이라도 하겠다고 했습니다. 그리고 그다음 날 바로 ESC라는 이름까지 정하면서 단체 결성을 추진하기로 하였습니다. 저로선 얼떨결에 한 허드렛일 발언으로 대표까지 맡게 된 거고요.

이렇게 만들어진 ESC는 과학기술자가 아니라 과학기술인 단체를 지향합니다. '과학기술인'이란, 과학기술에 관해 고민하는 과학기술학자, 저술가, 교수, 문화, 예술, 언론인, 관심 있는 시민 모두를 포함하는 개념입니다.

ESC는 창립 후 과학문화위원회, 청년과학기술인위원회, 크라우드펀딩위원회, 과학기술정책위원회, 해외과학기술인위원회, 이렇게 5개 위원회를 이사회와 집행위원회 아래 두고 활동을 시작했습니다. 지금은 과학기술정책위원회를 열린정책위원회로 바꾸고 과학교육위원회를 추가로 설치해 6개 전문위원회 체제로 운영하고 있습니다.

과학문화위원회는 체험적 과학활동을 강조합니다. '어른이' 실험실 탐험 행사를 지금까지 네 차례 열었습니다. 회원들과 시민들이 실험실에 방문해 간단한 실험에 참여할 수 있게 했습니다. 초파리 실험실, 연성물질 실험실, 로봇 실험실 등을 찾았습니다.

청년과학기술인위원회는 청년 과학기술인들의 삶과 인권에 관심이 있습니다. 연구실 문화가 억압적이진 않은지, 실험실 안전은 어떤지, 사고가 났을 때 대학원생은 산재보험보장을 받을 수 있는지 등을 의제화합니다.

크라우드펀딩위원회는 '트랜스젠더 건강 연구'의 펀딩에 성공했습니다. 의료보험의 사각지대에서 힘들게 일상을 이어가는 트랜스젠더의 건강 문제에 시민들의 관심과 연대를 끌어낸 것이지요.

사회적인 목소리도 꾸준히 냈습니다. 박근혜 전 대통령의 사퇴를 요구하고 집권여당의 책임을 묻는 시국선언문을 냈으며, '한국 과학기술 진보를 위한 국가시스템 진단과 대안'을 주제로 공개포럼도 개최했습니다. 새 정부가 들어선 날에는 'ESC가 새

정부에 바란다'는 제목으로 과학과 인간이 함께 발전하는 시대적인 과제를 고민해 달라고 요청하기도 했습니다.

사람에 관심을 두자고 한 건 사람이 단순한 인적자원이 아니란 의미였습니다. 저희는 과학기술자들이 행복하면 좋겠습니다. 그런데 개인이 행복해야 한다고 할 때, 자칫 '너희만 안온하게 살려고 하느냐?'란 반응을 불러올 수도 있습니다. 그런 상황은 아니고요. 누구나 다 행복을 추구해야 하고, 과학기술자도 그런 의미에서 마찬가지란 이야기를 하려는 것입니다. 오늘 행복하지 않은 대학원생이 내일 뛰어난 연구자가 될 수 있을까요? 저는 회의적입니다. 내일을 위해 오늘을 희생하는 성장시대의 패러다임이 지금의 현실과 맞지 않기 때문입니다. 내일을 준비하지 말자는 건 물론 아닙니다.

ESC의 활동은 과학기술의 공공성을 바탕으로 과학기술과 사회의 소통을 추구합니다. 궁극적으로 과학기술의 합리적 사유의 문화를 뿌리내리게 하는 게 목표입니다.

채: '과학기술의 공공성'이란 어떤 의미일까요?

윤: 과학기술의 공공성은 제겐 마치 공리와도 같은 당연한 전제였습니다. 그러니 공공성이 중요하다는 문장은 다른 주장의 근거가 될 뿐이었지, 그 문장에 근거가 필요하다는 생각은 별로 하질 않았지요. 하지만 당연해 보이는 이야기에

관해 질문하는 건 과학의 본성 가운데 하나입니다. 더 고민해봐야겠습니다만, 과학기술이 권력 집단이나 엘리트만의 소유가 아니라 시민의 공공재가 돼야 한다는 말씀을 우선 드릴 수 있을 듯합니다. 물론 특정 과학기술이 어떤 기업의 소유물이라고 해서 잘못이라고는 말할 수 없겠지요. 기업은 연구개발의 주체이기도 하고, 또 그 성과가 사회의 발전에 기여하기도 하니까요. 하지만 공공성을 염두에 두지 않고 개발된 과학기술은 자칫 불평등을 심화시키는 부작용을 초래할 수도 있습니다. 그런 일이 생기지 않게 하려면 공공성이란 가치를 전면에 내세울 필요가 있으리라 여깁니다.

아울러 많은 연구 과제가 시민의 세금으로 지원되고 있습니다. 그런 연구의 성과가 시민에게로 가야 함은 당연한 논리적 귀결입니다. 아예 연구·개발의 목표가 사회 문제의 해결에 있는 경우도 있습니다. 이른바 사회 문제 해결형 연구입니다. 하지만 연구 결과가 사회에 가시적인 혜택을 직접적으로 가져와야만 하는 건 아닙니다. 세상에 대한 호기심으로 과학을 탐구하는 기초과학자의 연구를 떠올려보지요. 그런 건 일종의 문화적 성과라 해야 할 듯합니다. ESC는 과학을 사유방식이자 문화로 바라보기도 합니다. 그리고 그런 합리적 사유방식과 자유로운 문화가 사회에 뿌리를 내려야만, 우리가 한 단계 더 도약할 수 있으리라 믿습니다.

과학기술의 공공성은 자연스레 과학기술자와 시민의 소통과 연결됩니다. 시민사회와 연대하며 지속가능한 미래에 관해 함께 고민해 가야 할 것이기 때문입니다. 과학기술의 사회적 소통도 중요한 문제입니다.

채: 과학기술이 사회적으로 소통하려면 어떤 관점이 필요할까요?

윤: 과학이 공학을 위한 도구라든가, 과학과 기술을 묶어 과학기술이 경제 발전을 위한 도구라 하는 관점에서 벗어나야 한다고 봅니다. 과학을 기술과 분리해 사유방식이자 태도로 보자는 말씀을 위에서도 드린 바 있습니다. 반증 가능성을 인정하는 열린 자세, 데이터를 바탕으로 한 실증적 태도와 정량적 사고, 합리적 의심과 소통을 통해 발휘되는 집단지성…. 이런 건 공화국의 시민에게 두루 필요한 소양이라 할 수 있겠지요. 그래서 과학교육도 과학기술자가 될 사람들을 위한 것일 뿐만 아니라 교양 교육의 일부가 돼야 할 것 같습니다. 물론 우리에겐 그런 과학교육의 경험도 별로 없고 준비도 제대로 돼 있지 않은 게 현실입니다. ESC는 이런 현실에 대한 문제의식이 있습니다.

과학자들은 과학자가 아닌 사람들과 어떻게 소통할까요? 익숙지 않지요. 일단 서로 학습을 좀 해야 하지 않겠나 싶습니다. 보통 교양과학 책이나 교양과학 강연 같은 걸 보면 과학의 결과를 흥미롭게 잘 전달하는 데 목표를 두는 듯합니다. 적절한 비유를 사용해 알기 쉽게 내용을 설명하려 애쓰면서 말입니다. 하지만 과학자들이 어떻게 해서 그런 과학적 성과를 성취했는지에 관한 이야기는 많지 않아 보입니다. 과학도 인간의 활동입니다. 정당화의 맥락 못지않게 발견의 맥락도 중요하지요. 활동 중심의 과학 교육이 중요하다고 생각하는 건 이 때문입니다. 그런 체험의 공유가 있다면, 과학자와 시민의 소통은 그만큼 원활해지겠지요.

2017년 5월 19일에 서울시립과학관이 개관했습니다. ESC 회원이기도 한 이정모 관장은 청소년들이 여러 가지 시도를 해보며 실패를 경험할 수 있어야 한다고 했습니다. 과학교육은 그래야 한다는 거지요. 이정모 관장은 그런 생각을 서울시립과학관에 구현했습니다. 그렇게 과학 활동을 체험Doing Science해볼 수 있는 공간이 다른 곳에도 많이 생기면 좋겠습니다.

채: 과학기술의 합리적 사유방식을 조금 더 설명해 주시면 좋겠습니다.

윤: 커제와 알파고의 대국을 앞두고, 어떤 전문가라는 사람이 알파고가 이세돌 9단과 대결할 당시 이미 '이 9단이 4점을 깔아야 할 정도였다'라고 했습니다. 지금의 알파고는 커제보다 6~8점 앞선다고 하며, 커제가 고교 축구팀이라면 알파고는 FC바르셀로나라고까지 했더군요. 언론에서 그 사람을 인터뷰한 건 그가 다른 이들과는 달리 알파고가 이 9단을 이길 거라 예상했기 때문입니다. 그가 답을 맞혔기 때문인 거지요. 하지만 바둑도 모

르고 인공지능도 모르는 사람이라도 0.5의 확률로 알파고가 이길 수 있다고 판단할 수 있습니다. 문제는 결론이 아니라 결론에 이르는 과정입니다. 그 전문가라는 사람의 주장엔 과학적 근거를 찾을 수 없었고, 그래서 저는 그 사람을 신뢰할 수 없었습니다. 결과가 맞냐, 틀리냐가 아니라 과정이 합리적이냐가 더 중요합니다.

우기지 않고 주장하는 거지요. 결과가 아니라 과정이 중요하고요. 말씀드렸듯이, 반증 가능성을 인정하는 열린 자세, 데이터를 바탕으로 한 실증적 태도와 정량적 사고, 합리적 의심과 소통 등은 비단 과학기술자에게만 필요한 태도가 아니라 여깁니다. 이를테면, 검찰에서 기수 따지는 건 제겐 대단히 이상해 보입니다. 낮은 기수가 높은 자리에 가면 그보다 높은 기수가 검찰을 떠나는 일 말입니다. 전혀 논리적이지 않으니까요. 적어도 과학엔 그런 게 없잖아요. 물론 과학이 수평적이라고는 하지만, 현실의 연구실은 위계적입니다. 한국사회가 위계적이고, 과학도 사회적 활동이기 때문입니다. 그렇더라도 대학원생이 데이터로 교수에게 반박하면 교수는 받아들일 수밖에 없지요. 한국사회가 아주 위계적이기는 해도 과학은 다른 영역보단 수평적일 수 있다는 것입니다. 저는 학생들에게 공학수학을 강의하는데, 수학은 엄정한 논리만을 따르며 그 밖의 다른 권위엔 맹종하지 않는다고 말합니다.

채: 한국사회에 뿌리내려야 한다는 말씀은 지금의 한국사회가 그렇지 못하다는 말씀으로 들립니다. 지금의 한국사회는 어떻습니까?

윤: 한국사회는 결과 중심적입니다. 과정을 무시하기 일쑤지요. 앞에서 알파고에 관해 말한 전문가라는 사람을 제가 비판한 바 있는데요. 언론에서 그런 분을 찾아가 인터뷰한 이유는 단순히 그가 이세돌 9단을 알파고가 이길 것으로 예측했기 때문입니다. 결과 중심적 사고의 일례라 할 수 있지요.

논리는 근거와 주장의 쌍입니다. 그래서 어떤 사람이 나와 같은 주장을 한다면, 그 논거를 더 면밀히 검토할 필요가 있습니다. 역설적인 게 아니라 현실적인 이야기입니다. 근거를 따지는 과정을 소홀히 할 가능성이 더 크기 때문입니다. 나와 같은 결론도 주장하는 방식이 잘못되면 기각해야 할 것이며, 나와 다른 결론도 주장하는 방식이 옳으면 받아들여야 하겠지요. 논리가 곧 권위면 좋겠습니다. 나이도 그만 따졌으면 하고요. 아랫사람이 윗사람을 높이듯, 위아래 구별하지 않고 서로 높이며 토론하기로 하면 어떨까요?

주장하는 사람의 정체성에 관한 고민도 스스로 할 필요도 있으리라 여깁니다. 시민의 자격, 전문가의 자격, 선생의 자격…. 지금 자신이 어떤 자격으로 발언하는지 성찰하고, 그에 알맞은 타이틀을 사용하기로 해도 좋겠습니다. 시민의 자격으로 말하며 전문가의 타이틀을 사용한다면, 듣는 이가 그 발언을 전문가 발언으로 오해할 가능성도 있으니까요.

채: 이러한 변화는 어떤 방식으로 이뤄낼 수 있고, 어떻게 찾아올까요?

윤: 시간 스케일과 층위에 따라 다르겠지요. 멀리 보면 교육에 관심을 기울이며 문화를 가꿔가야겠지요. 반면에 당면한 문제는 또 바로 해법을 찾아야겠고요. 아까 말씀드린 것처럼 실험실 안전에 관한 논점이라면, 심지어 보험에 관한 이야기도 할 필요가 있겠지요. 내부적으론 끊임없이 공부하고 성찰하는 태도가 가장 중요하지 않겠나 싶습니다. 수평적으로 소통하며 한 걸음씩 앞으로 나가는 수밖에요.

제가 학생 때는 확신이 가득 차 거침없이 말하는 선배가 부러웠습니다. 저는 좀 위축되기도 했지요. 자신감도 부족했고요. 그런데 나중에 보니 전혀 머뭇거리지 않고 강한 주장을 스스럼없이 했던 선배들 가운데 결과적으로 틀린 이야기한 사람도 적지 않았던 것 같습니다. 논리적으로 정당화하기 어려우면 머뭇거리는 게 정상인데, 그냥 거침없이 질렀던 게지요. 잘못된 일이었습니다.

무엇을 머뭇거리고, 무엇을 명확하게 생각해야 하는지가 중요합니다. 방향은 분명하게 잡아야겠지만, 그리로 가기 위한 일상적 고민과 실천의 모색엔 머뭇거림이 없을 수 없겠지요. 그러다 결정에 이르면 물론 치열하게 실천해야겠지만 말입니다. 어떤 문제를 설정하고, 어떤 장애를 어떻게 극복할지 판단하는 건 간단하지 않은 문제라 여깁니다. 성찰을 동반하지 않은 선의가 때론 더 위험할 수도 있습니다. ESC는 착하면서도 현명한 조직이 돼야 하리라 여깁니다. 소통만 잘하면 되지 않겠나 싶기도 합니다. ESC엔 뛰어난 능력과 선의를 함께 갖춘 과학기술인이 많기 때문입니다. 그래서 결국은 소통입니다.

◈

1년이 더 흐른 뒤인 2018년 6월, ESC 2기(대표 한문정)가 출범했습니다. 2017년 12월엔 국내 과학기술 단체론 처음으로 개헌안을 제안하기도 하였습니다. 헌법 제9장(경제) 제127조 제1항에서 과학기술의 혁신을 경제 발전의 수단으로 명시한 부분을 삭제하자는 게 핵심이었습니다. 아울러 학술 활동과 기초 연구 장려에 관한 국가의 의무를 제1장(총강)에 두자는 견해도 덧붙였지요. ESC에선 이런 노력이 대통령 발의 개헌안에 '기초 연구 장려'가 언급되도록 하는 데도 영향을 끼쳤다고 평가합니다. 참고로 문재인 대통령이 2018년 3월 26일에 발의한 개헌안은 5월 24일 국회에서 폐기되었습니다.

개헌안 외에도 ESC는 2년 동안 두 번의 성명과 두 번의 논평을 냈습니다. 하지만 ESC가 사안마다 성명을 발표하는 곳은 아닙니다. ESC는 위에서 언급한 바 있듯이 다양한 활동을 구체적으로 전개하려 합니다. ESC가 성명이나 논평을 내는 일은 모든 회원이 글 하나를 같이 쓰는 거나 마찬가지니, 사실 간단한 문제가 아니지요. ESC는 회원 과반의 응답과 응답자 3분의 2 이상의 동의를 얻어 ESC 이름의 견해를 발표합니다. ESC의 개헌안도 이런 절차를 거쳐 마련한 것입니다.

ESC는 조직 내 민주주의와 수평적 소통을 중요하게 여깁니다. 나이와 직위를 따지지 않고 이름에 '님'자를 붙여 부르며, 부드럽고도 평등한 언어로 치열하게 토론하려 합니다. 그리고 그런 과정을 통해 함께 성장하는 모습이 ESC의 일상이 되리라 믿습니다.

다양성은 소중한 가치입니다. 일반회원이나 학생회원이나 회비 관련 규정만 다를 뿐 권리는 모두 똑같습니다. ESC 2기 이사회엔 학생회원이 이사로 참여하고 있습니다. 학생들이 투표로 뽑아 추천한 학생회원을 총회에서 이사로 선출한 바 있지요. 소수자 차별에 반대함은 물론입니다. 젠더 감수성도 중요한 덕목입니다. ESC는 더 많은 청년과 여성의 참여를 기대합니다. 2018년 8월 현재, ESC엔 500여 명이 함께하고 있습니다. 학생은 21%고, 여성은 35%며, 오프라인 활동의 여성 참여율은 50% 안팎에 이릅니다.

에필로그

성찰과 소통

걷는 게 참 좋습니다. 퇴근도 걸어서 하지요. 연구실에서 개운산을 넘어 집까지 가는 덴 40분쯤 걸립니다. 더운 여름이 아니면 땀도 흐르지 않을 정도니, 운동 삼아 걷는다기보다는 쉬엄쉬엄 움직이는 편이라 해야겠지요. 산책하다 아이디어를 얻는다는 학자들도 있으니, 그런 게 없는 저로선 그저 어슬렁거린다 하는 표현이 어울리겠다 싶습니다. 생각을 한다기보다는 외려 지울 수가 있어서 퇴근길을 더 즐기는지도 모르겠습니다.

커피 내려 마시는 게 참 좋습니다. 물 온도 적당히 맞추고 콩이 찐빵처럼 부풀어 오를 때까지 뜸을 들입니다. 그러곤 500원짜리 동전 크기의 원 모양으로 물을 떨어뜨리기도 하고, 프톨레마이오스 천문학의 주전원처럼 큰 원을 따라 작은 원을 그리며 물을 주기도 하지요. 제 입맛에 꼭 맞는 커피를 내리려는 목적도 없진 않지만, 그냥 그런 과정을 즐기려 한다고 하는 편이 더 알맞은 이야기인지도 모르겠습니다.

개운산 둘레길은 걷기가 딱 적당합니다. 높지도 않고 가파르지도 않아서지요. 그러다 보니 동네 개들 놀기도 좋은 모양입니다. 비록 주인들에게 목줄로 묶여 있지만 말입니다. 목줄은 동료 시민의 안전을 위한 사회적 합의의 결과물이라 할 수 있습니다. 하지만 어두운 퇴근길엔 목줄로 묶지 않은 개를 데리고 산책하는 사람들을 왕왕 봅니다. 물론 자기 개가 안전하다고 확신하는 이들이겠지요. 어차피 위험하진 않으니, 보는 눈이 없는 시간대엔 목줄을 사용하지 않아도 되리라 여겼을 것입니다. 잘못된 일입니다. 우선 안전하다는 전제가 틀릴 수 있기 때문입니다. 또 설령 전혀 위험하지 않다고 해도 주변 사람이 겁낼 수 있다는 점은 헤아릴 필요가 있었지요.

정성껏 내린 커피는 텀블러에 잘 담아 연구실로 가져옵니다. 그걸 오전 내내 조금씩 마시며 일을 하지요. 커피 한잔 마시는 데 두어 시간 걸리는 셈입니다. 뚜껑이 있는 텀블러를 사용하면 온기를 좀 더 오래 가둘 수 있습니다. 특별한 일 없으면 저녁땐 걷고, 아침엔 텀블러 들고 버스를 탑니다. 그런데 지난해 말부터 버스에 음료를 들고 타지 말라는 소리가 들리기 시작했습니다. 제겐 거북한 소식이었습니다. 텀블러 뚜껑을 단단히 닫으면 문제가 생기지 않으리란 믿음이 있었기 때문입니다. 버스에 사람이 많다 싶으면 오르지 않고 그다음 걸 기다려 타는 식이라 버스는 늘 한가했으며, 이동 시간도 10분 남짓에 불과해, 다른 사람에게 폐를 끼칠 가능성은 없다고 생각했습니다.

성찰의 시간인 밤, 텀블러를 들고 버스에 오르는 아침의 저를 돌아봤습니다. 개 주인의 모습이 눈에 들어오더군요. 자기 개가 안전하다고 확신하는 그 사람 말입니다. 그이에게 제가 했던 비판은 그대로 저 자신에게 되돌릴 수 있는 것이었습니다. 우선 커피가 밖으로 쏟아져 나오지 않으리란 전제부터 틀릴 수 있겠지요. 어떤 사건의 발생 확률이 아주 낮다는 이야기는 그렇게 작은 확률로 그 사건이 일어날 수 있다는 의미입니다. 게다가 설령 문제가 생길 가능성이 전혀 없다 해도, 텀블러 속 음료가 자신에게 엎질러질까 봐 걱정하는 승객도 헤아려야 했습니다.

보온병을 샀습니다. 구멍 없는 마개를 단단히 고정할 수 있는 물건입니다. 뒤집고 흔들어도 아무것도 새어 나올 수 없게 돼 있지요. 안전할 뿐만 아니라 안전해 보이기도 합니다. 이젠 그걸 배낭에 넣고 다닙니다. 그 안엔 물론 보약 달이듯 정성껏 내린 커피가 있습니다.

서울시 조례를 나중에 봤습니다. 버스에 들고 타면 안 된다고 적혀 있는 건 '음식물이 담긴 일회용 포장 컵(일명 테이크아웃 컵)'이더군요. 그러니 뚜껑 달린 텀블러는 괜찮은지도 모르겠습니다. 하지만 제 이야기는 대상이 텀블러든 일회용 포장 컵이든 차이가 없습니다. 어떤 행위가 허용되(지 않)는지 그 여부를 따지려 함이 아니기 때문입니다. 저의 행동 가운데 제가 비판한 타인의 행동과 논리적 구조가 같은 게 있을 수 있습니다. 그게 논점입니다. 다른 사람을 함부로 비판하지 말자는 뜻은 아닙니다. 외부 세계를 인식하는 시선으로 자기 자신도 바라보려 하자는 것입니다. 성찰의 문제를 말하려 했습니다. 논리적 일관성의 문제이기도 합니다.

부끄러워할 일이 전혀 없으면 좋겠지만, 보통은 그리되기 힘듭니다. 부끄럽지 않다고 하는 이들 중엔 어쩌면 부끄러움을 알지 못하는 사람이 꽤 있을지도 모르겠습니다. 부끄러워할 까닭이 없는 게 최선이겠지만, 그런 최선의 상황이 비현실적이라면 부끄러움을 아는 차선이라도 택해야 하지 않겠나 싶습니다. 그래야 잘못이나 실수가 생겼을 때, 그걸 인지하고 인정하며 바로잡을 수 있겠지요.

◈

성찰은 온전히 개인의 몫이지만, 혼자서 해야만 하는 건 아닙니다. 자신 자신을 객관화해 스스로 그 한계를 인식하기가 쉽지만은 않기 때문입니다. 누군가 이렇게 선언했다고 가정해보지요. "이런저런 이유로 더는 세상의 문제를 정확히 인식하기 어려울 때가 왔다고 판단하면, 공적 발언을 삼가고 그냥 읽고 싶은 책이나 읽으며 살 것이다." 한데 이 문장대로 실천할 수 있을까요? 세상의 문제를 정확히 인식하지 못하는 때가 왔다면, 그 사실은 대체 어떻게 알 수 있을까요? 인식 능력이 이미 떨어져 있을 텐데 말입니다. 자신의 한계를 스스로 성찰하는 일엔 이렇게 본질적인 제약이 있습니다.

가까운 친구의 도움이 필요합니다. 하지만 자기 또래의 친구들만 있다면, 서로 처지가 비슷해 큰 보탬이 되진 못할 수도 있습니다. 자기보다 젊은 친구들도 있어야 하는 까닭입니다. 그런데 나이나 직위

등을 지나치게 살피는 위계적이고 권위주의적인 세상에선 나이 든 사람과 청년이 친구 사이가 되는 경우가 흔치 않습니다. 이럴 때 떠올리는 예외가 바로 이황과 기대승입니다. 26년의 나이 차이에도 불구하고 13년 동안 100여 통의 편지를 주고받으며 학문적 교류를 이어갔다는 이야기의 주인공이지요. 물론 두 사람이 비범한 인물이었음은 틀림이 없습니다. 하지만 우리는 왜 이런 사례를 찾으려 조선 시대까지 거슬러 올라가야만 할까요? 혹 대한민국이 조선보다 더 위계적이란 뜻은 아닐까요? 그런 면도 없지는 않아 보입니다. 조선 시대엔 10년 이내면 친구처럼 지냈다고도 하는데, 지금은 학번이나 기수 따위를 1년 단위로 따지니 말입니다. 이 정도면 예를 중시하는 유교 문화가 아니라 군사 문화의 잔재라 해야 하지 않겠나 싶습니다.

앞서도 언급한 바 있듯이 ESC에선 회원들끼리 서로 이름에 '님'자를 붙여 부릅니다. 20~30대 청년회원들도 제게 '태웅 님'이라 하지요. 저는 이런 수평적 호칭이 참 좋습니다. 청년들과 친구로 지낼 수 있도록 하는 데도 보탬이 되었다 여깁니다. 나이나 직위를 의식하지 않는 게 예의를 무시하는 행위는 아닙니다. 외려 두루 예의를 갖추자는 의미이기도 합니다. 나이 든 사람들이 젊은이들에게 기대하는 예의를 젊은이들에게도 갖추자는 이야기일 수 있으니까요. 굳이 말하자면 상향 평준화입니다. 그리고 또 굳이 유불리를 따지자면 나이 든 사람에게 더 유리한 일입니다. 자신의 한계를 성찰하는 데 청년 친구들의 존재가 보탬이 될 것이기 때문입니다.

◈

사회의 다양한 구성원들이 평화롭게 공존하려면, 서로 잘 소통할 수 있어야 함은 물론입니다. 그러니 수평적 소통이 민주주의의 토대라 할 수 있겠지요. 주변부나 변방의 목소리를 외면하고 중심부의 생각만 대변하는 세상은 정의롭지 못합니다. 다르다는 이유로 소수자를 차별하기도 하지요. 민주주의가 좋은 개념이지만 비효율적인 제도라 하는 이들도 꽤 있습니다. 힘이 더 들고 시간도 오래 걸리니 그리 볼 여지도 전혀 없진 않겠지요. 하지만 저는 민주주의가 아름다운 개념일 뿐만 아니라 사회를 강하게 하는 핵심 요소라 판단합니다.

여러 원circle이 모인 네트워크를 상상해보지요. 서로 다른 원끼리의 만남을 융합이라 한다면, 그 융합은 원의 중심이 아닌 경계에서 일어날 것입니다. 중심부에만 머무르면 경계 너머를 보기가 더 어렵겠지요. 그런 점에서 여성학자 정희진이 말한 대로 소수자성은 인식론적 자원입니다. 여러 원이 서로 고립돼 있지 않고 역동적으로 만나는 그림에서 우리는 이른바 변방의 힘을 엿볼 수 있습니다. 중심이 중요하지 않다는 주장은 아닙니다. 중심만을 강조하는 획일성에서 벗어나 다양성이 사회의 활력임을 인식하자는 것입니다.

개인의 성찰에서 출발해 수평적 소통을 거쳐 민주주의로 이야기가 흘렀습니다. 이 책의 첫 글인 '과학은 우기지 않는 거다'도 과학의 민주주의적 속성을 언급하며 시작했습니다. 반증 가능성을 인정하는 열린 태도, 이론과 실험적 증거를 바탕으로 개별 과학기술자의 오류를 걸러내는 집단 지성이 바로 그런 내용이었지요. 어찌 하다 보니 책이 민주주의에서 시작해 민주주의로 끝나는 셈이 돼 버렸습니다. 수평적 소통 문화와 민주주의가 조직의 힘이란 주장은 단순한 사변적 논리에 머물지 않습니다. 지난 2년 동안 ESC가 했던 실험도 이를 뒷받침하고 있습니다. 저로선 멋진 청년 친구들을 만났다는 게 그 무엇보다도 소중한 성과입니다. 그들의 목소리에 귀를 기울이며, 때론 말하는 방식으로, 때론 침묵하는 방식으로 제 소임을 다할까 합니다. 자신에게도 비슷한 문제가 있음을 알지 못한 채 다른 사람을 비판할 때도 있을 것입니다. 목줄 없는 개 주인을 비판하며 커피 들고 버스에 올랐던 어떤 공학자처럼 말입니다. 그런 일이 거듭되지 않도록 돌아볼 필요가 늘 있습니다. 성찰은 일상의 과제입니다.

출처

이 책에는 2014년 5월부터 2017년 12월까지 〈한겨레〉 '세상읽기' 지면에 쓴 칼럼이 다수 담겨 있습니다. 〈한겨레〉 칼럼 이외에도 〈동아사이언스〉, 〈웹진 크로스로드〉, 『21세기 청소년 인문학 1』, 〈블로터〉 등에 기고한 글을 보완해 고쳐넣기도 하였습니다. 이미 신문이나 기타 매체에 실린 글의 출처는 아래와 같습니다. 〈한겨레〉 '세상읽기' 칼럼은 날짜순으로 적었습니다.

〈한겨레〉

'승복'이란 말의 뜻, 2004년 10월 27일자

수학 시험, 승복과 불복, 2013년 10월 31일자

서로 다른 시선의 만남, 2014년 4월 1일자

돌아가야 할 일상, 2014년 5월 30일자

교수님, 제발 수업 좀 제때…, 2014년 6월 27일자

원칙의 이해가 중요하다, 2014년 7월 25일자

수학, 자유로운 시민의 필수 교양, 2014년 8월 22일자

광화문의 바보 목사, 2014년 9월 19일자

영어강의와 청개구리 교수, 2014년 10월 17일자

이공계 교육과 치킨, 2014년 11월 14일자

사과할 줄 모르는 대학, 2014년 12월 12일자

떨리는 게 정상이야, 2015년 2월 5일자

대학 내 갑을 문제, 2015년 3월 12일자

제주 오름에 올라 4·3을 추념하다, 2015년 4월 9일자

데이터와 정치, 그리고 과학, 2015년 5월 7일자

슈퍼맨은 없다, 2015년 6월 4일자

수학, 어떻게 가르쳐야 하나?, 2015년 7월 30일자

오름에서 얻은 지혜, 2015년 8월 27일자

기록하지 않는 사회, 2015년 9월 24일자

이해충돌과 편향, 2015년 10월 22일자

정상의 비정상화, 2015년 11월 19일자

논문도 글이다!, 2015년 12월 17일자

이공계 대학과 여성 교수, 2016년 1월 14일자

축구와 인공위성, 2016년 2월 11일자

낯선 세상과 대학, 2016년 3월 10일자

인공지능이 히틀러를 지지한 이유, 2016년 4월 7일자

과학기술자와 국회의원 선거, 2016년 5월 7일자

하늘 밭에 뿌린 하얀 비행기의 꿈, 2016년 6월 2일자

과학기술인 공동체 ESC, 2016년 7월 6일자

ㅅ대학의 가혹한 구상권 청구, 2016년 8월 3일자

대학의 정보 보호와 공인인증, 2016년 8월 31일자

21세기 교육과 20세기 학교, 2016년 9월 28일자

부끄러움은 왜 학생의 몫인가, 2016년 10월 26일자

국론통일과 전체주의, 2016년 11월 23일자

인칭대명사와 정명(正名), 2016년 12월 21일자

시민, 전문가, 정체성, 2017년 1월 18일자

딱따구리와 헌법, 2017년 2월 15일자

배움과 비움, 2017년 3월 15일자

트랜스젠더 건강 연구와 크라우드펀딩, 2017년 4월 12일자

사랑과 섹스, 결혼 그리고 정명, 2017년 5월 10일자

부드러운 언어와 날카로운 논리, 2017년 6월 7일자

표절에 관하여, 2017년 7월 5일자

먼저 시민이 되자!, 2017년 8월 2일자

과학은 우기지 않는 거다, 2017년 8월 30일자

수평적 소통, 2017년 9월 27일자

과학기술인들의 헌법 이야기, 2017년 11월 1일자

다양성 보고서를 만들자!, 2017년 11월 29일자

학기말 시험 이야기, 2017년 12월 27일자

기타

연구윤리와 연구자 공동체, 그리고 사회적 책임,
〈동아사이언스〉, 2016년 7월 22일자

과학은 더 나은 사회로 이끄는 공공재, 〈블로터〉, 2017년 5월 23일자

탈핵의 쟁점과 공학자의 시선, 〈웹진 크로스로드〉, 2013년 8월

수학과 글쓰기, 〈웹진 크로스로드〉, 2017년 2월

모두를 위한 수학, 『21세기 청소년 인문학 1』(단비), 2017

떨리는 게 정상이야

2018년 9월 19일 초판 1쇄 인쇄
2018년 9월 29일 초판 1쇄 발행

지은이 윤태웅
펴낸이 박래선
펴낸곳 에이도스
편집 박소현
표지 디자인 공중정원 박진범
본문 디자인 신용진

출판신고 제2018-000083호
주소 서울시 마포구 잔다리로 33 회산빌딩 402호
전화 02-355-3191
팩스 02-989-3191
이메일 eidospub.co@gmail.com

페이스북 facebook.com/eidospublishing
인스타그램 instagram.com/eidos_book
블로그 https://eidospub.blog.me/

ISBN 979-11-85145-21-5 03500

잘못 만들어진 책은 구입하신 서점에서 바꾸어 드립니다.

이 도서의 국립중앙도서관 출판예정도서목록(CIP)은
서지정보유통지원시스템 홈페이지(http://seoji.nl.go.kr)와
국가자료공동목록시스템(http://www.nl.go.kr/kolisnet)에서
이용하실 수 있습니다.(CIP제어번호: CIP2018028967)